Wissenschaftliche Taschenbücher WTB

Mathematik · Physik

Schaltungen mit Transistoren

Elektronik für den Physiker

VII

WTB Wissenschaftliche Taschenbücher

GÜNTHER WAGNER / HANS KÜHMSTEDT
Pharmazeutische Chemie

ROLF SCHÖLLNER
Die Oxydation organischer Verbindungen mit Sauerstoff

ULRICH BEHRENS / MANFRED RINGPFEIL
Mikrobielle Polysaccharide

MARTIN FINKE / WALTER LEIPNITZ
Moderne Methoden der Erdölanalyse

ERICH GUNDERMANN
Chemie und Technologie des Braunkohlenteers

GERHARD KEMPTER
Struktur und Synthese von Vitaminen

FRIEDRICH JACOB
Bewegungsphysiologie der Pflanzen

HELLMUTH GÄBLER
Forstschutz

ALFRED PALISSA
Bodenzoologie in Wissenschaft, Naturhaushalt und Wirtschaft

LUDWIG SPANNHOF
Zellen und Gewebe der Tiere

JOACHIM RIEMER
Quantitative organische Mikroanalyse

ALFRED FRIESER
Mikrowellenmeßtechnik

HANS-WERNER NOLTE
Pflanzenschutz in der Landwirtschaft

WERNER HABERDITZL
Magnetochemie

HARRY PAUL
Lasertheorie, Teil I und II

D. TER HAAR
Quantentheorie

J. H. SANDERS
Die Lichtgeschwindigkeit

JEAN KUNTZMANN
Unendliche Reihen

JEAN KUNTZMANN
Systeme von Differentialgleichungen

JEAN KUNTZMANN
Komplexe Veränderliche

FERDINAND CAP
Einführung in die Plasmaphysik
I. Theoretische Grundlagen

FERDINAND CAP
Einführung in die Plasmaphysik
II. Wellen und Instabilitäten

FERDINAND CAP
Einführung in die Plasmaphysik
III. Magnetohydrodynamik

J. A. ROSANOW
Wahrscheinlichkeitstheorie

HARRY PFEIFER
Theorie linearer Bauelemente
Elektronik für den Physiker I

HARRY PFEIFER
Die Elektronenröhre
Elektronik für den Physiker II

HARRY PFEIFER
Schaltungen mit Elektronenröhren
Elektronik für den Physiker III

HARRY PFEIFER
Leitungen und Antennen
Elektronik für den Physiker IV

HARRY PFEIFER
Mikrowellenelektronik
Elektronik für den Physiker V

HARRY PFEIFER
Halbleiterelektronik
Elektronik für den Physiker VI

STEPHEN G. BRUSH
Kinetische Theorie, Teil I und II

EBERHARD HOFMANN
Eiweiße und Nucleinsäuren als biologische Makromoleküle
Dynamische Biochemie, Teil I

EBERHARD HOFMANN
Enzyme und energieliefernde Stoffwechselreaktionen
Dynamische Biochemie, Teil II

EBERHARD HOFMANN
Intermediärstoffwechsel
Dynamische Biochemie, Teil III

EBERHARD HOFMANN
Grundlagen der Molekularbiologie und Regulation des Zellstoffwechsels
Dynamische Biochemie, Teil IV

HERBERT GEORING
Elementare Methoden zur Lösung von Differentialgleichungsproblemen

PETER KRUMBIEGEL
Isotopieeffekte

D. M. BRINK
Kernkräfte

DIETER ONKEN
Steroide

DIETER KLAUA
Elementare Axiome der Mengenlehre
Einführung in die Allgemeine Mengenlehre I

GÜNTER TEMBROCK
Grundlagen der Tierpsychologie

J. F. VINSON
Optische Kohärenz in der klassischen Theorie und in der Quantentheorie

W. R. HINDMARSH
Atomspektren

GÜNTER TEMBROCK
Biokommunikation
Informationsübertragung im biologischen Bereich
Teil I und II

DIETER MERKEL
Riechstoffe

JOHN CUNNINGHAM
Vektoren

ERNST SCHMUTZER
Symmetrien und Erhaltungssätze der Physik

GERHARD LERCH
Pflanzenökologie

MICHAEL GÖSSEL
Angewandte Automatentheorie, Band I

MICHAEL GÖSSEL
Angewandte Automatentheorie, Band II

HEINRICH KINDLER
Der Regelkreis

A. R. KESSEL
Akustische Kernresonanz

WOLFRAM BRAUER / HANS-WALDEMAR STREITWOLF
Theoretische Grundlagen der Halbleiterphysik

HARRY PAUL
Nichtlineare Optik, Teil I und II

DIETER KLAUA
Grundbegriffe der axiomatischen Mengenlehre, Teil **1** und **2**
Einführung in die Allgemeine Mengenlehre II

E. G. GOLSTEIN
Konvexe Optimierung

EBERHARD TEUSCHER
Pharmakognosie, Teil I und II

SIEGFRIED HAUPTMANN
Über den Ablauf organisch-chemischer Reaktionen

A. S. SONIN / B. A. STRUKOW
Ferroelektrizität

L. A. SKORNJAKOW
Elemente der Verbandstheorie

HANS-MARTIN BARCHET
Chemie photographischer Prozesse

R. A. R. TRICKER
Frühe Elektrodynamik

N. D. SHEWANDROW
Polarisation des Lichtes

A. A. SMIRNOW
Metallphysik

VOLKER KEMPE
Theorie stochastischer Systeme

ROLF BORSDORF / MANFRED SCHOLZ
Spektroskopische Methoden in der organischen Chemie

KLAUS ODENING
Parasitismus

WOLFGANG PAULI
Vierpoltheorie und ihre Anwendung auf elektronische Schaltungen

DIETER KLAUA
Kardinal- und Ordinalzahlen Teil 1 und 2
Einführung in die Allgemeine Mengenlehre III

R. A. R. TRICKER
Die Beiträge von Faraday und Maxwell zur Elektrodynamik

HANS DAWCZYNSKI
Temperaturbeständige Faserstoffe aus organischen Polymeren

HANS DAWCZYNSKI
Temperaturbeständige Faserstoffe aus anorganischen Polymeren

HELMUT FRIEMEL / JOSEF BROCK
Grundlagen der Immunologie

HORST KEHLEN / FRANK KUSCHEL / HORST SACKMANN
Grundlagen der chemischen Kinetik

HANS BERGNER
Tierernährung

MARTIN SCHMIDT
Pflanzenschutz im Gartenbau

GERALD WOLF
Neurobiologie

ULRICH SEDLAG
Biologische Schädlingsbekämpfung

WOLFGANG WAGNER
Chemische Thermodynamik

HANNELORE FISCHER / JOACHIM PIEHLER
Modellsysteme der Operationsforschung

ALBERT EINSTEIN
Grundzüge der Relativitätstheorie

ALBERT EINSTEIN
Über die spezielle und die allgemeine Relativitätstheorie

MICHAEL GÖSSEL
Wahrscheinlichkeitsautomaten und Zufallsfolgen

HANS-JÜRGEN TREDER
Elementare Kosmologie

PETER PAUFLER / DIETER LEUSCHNER
Kristallographische Grundbegriffe der Festkörperphysik

PAUL HOFFMANN
Photosynthese

WOLFGANG MEILING
Kernphysikalische Elektronik

WERNER DÖPKE
Stereochemie organischer Verbindungen

SIEGFRIED BREHMER
Einführung in die Maßtheorie

ULRICH RÖSEBERG
Determinismus und Physik

I. S. SHELUDEW
Elektrische Kristalle

DIETRICH BENDER / ERNST-EGON PIPPIG
Einheiten — Maßsysteme — SI

VOLKER KEMPE
Analyse stochastischer Systeme, Teil 1

DIETER KÖNIG / DIETRICH STOYAN
Methoden der Bedienungs- und Zuverlässigkeitstheorie

HARRY PFEIFER / WILFRIED HEINK
Schaltungen mit Transistoren
Elektronik für den Physiker VII

Vorschau auf die nächsten Bände:

WOLFGANG SCHÄFER
Theoretische Grundlagen der Stabilität technischer Systeme

KLAUS KÜHNE
Werkstoff Glas

REGINE WITKOWSKI / FALKO H. HERRMANN
Einführung in die klinische Genetik

WTB

BAND 147

H. Pfeifer / W. Heink

Schaltungen mit Transistoren

Elektronik für den Physiker VII

Mit 79 Abbildungen und 12 Tabellen

AKADEMIE-VERLAG · BERLIN

Reihe MATHEMATIK UND PHYSIK

Herausgeber:
Prof. Dr. phil. habil. W. Holzmüller, Leipzig
Prof. Dr. phil. habil. A. Lösche, Leipzig
Prof. Dr. phil. habil. H. Reichardt, Berlin
Prof. Dr .phil. habil. K. Schröder, Berlin
Prof. Dr. phil. habil. K. Schröter, Berlin
Prof. Dr. rer. nat. habil. H.-J. Treder, Potsdam

Verfasser:
Prof. Dr. H. Pfeifer und Dipl.-Phys. W. Heink
Sektion Physik der Karl-Marx-Universität, Leipzig

1976

Erschienen im Akademie-Verlag, 108 Berlin, Leipziger Str. 3—4

Lizenznummer: 202 · 100/430/76
Gesamtherstellung:
VEB Druckhaus „Maxim Gorki", 74 Altenburg
Bestellnummer: 762 1971 (7147) · LSV 1154
Printed in GDR
EVP 8,—

Berichtigungszettel

S. 3, 15. Zeile von oben:
statt: $a = \{\bar{a} + \mathrm{Re}\, \underline{a} \exp(j\omega t)\}$
lies: $a = \bar{a} + \mathrm{Re}\, \{\underline{a} \exp(j\omega t)\}$

S. 32, neben Seitenzahl:
statt: $\overline{U}_{\mathrm{ED}}$ lies: $\overline{U}_{\mathrm{EO}}$

S. 40, im Nenner von Gl. (44.31):
statt: 4509 lies: 4500

S. 58, im Nenner von Gl. (44.90):
statt $\mathrm{R_i^{-2}}$ lies: $\mathrm{R_i^{-1}}$

S. 70, 1. und 2. Zeile des Gleichungssystems Gl. (44.117):
statt: $\underline{U}_{1'} = \underline{I}_{1'}R + \underline{I}_{10}R$ und $\underline{U}_1 = \underline{I}_1 R + \underline{I}R + \underline{U}_2$
lies: $\underline{U}_1 = \underline{I}_1 R + \underline{I}_{10}R$ und $\underline{U}_1' = \underline{I}_1' R + \underline{I}R + U_2$

S. 107, 2. Zeile von oben:
statt: MH 7400 und SN 7400 N lies: MH 7490 und SN 7490 N

S. 131, Stichwort Begrenzerschaltungen:
die angegebenen Seitenzahlen 17, 36, 57 gehören zum nächsten Stichwort (Betriebskenngrößen eines Vierpols)

S. 133, Stichwort Hilfsgrößen für Transistorstufenberechnungen, Spalte A:
statt: 12 lies: 18

S. 135, Stichwort Mosfet-Bausteine, Spalte A:
statt: 94 lies: 95

S. 135, Stichwort Multivibrator, bistabiler, Spalte A:
statt 107 lies: 104

S. 137, Stichwort Sampling-Theorem, Spalte C:
es fehlt: L 1a

Vorwort

Der vorliegende Band schließt sich in der Reihe „Elektronik für den Physiker" als siebentes Kapitel an und behandelt Schaltungen mit Transistoren sowie die Kombination von elektronischen Baugruppen. Zielstellung und Art der Darstellung sind im Vorwort zum Band 1 erläutert. Die Bezeichnungsweise physikalischer Größen wurde beibehalten, so daß gilt

Augenblickswert: gewöhnlicher Buchstabe (a),
Gleichanteil: Buchstabe überstrichen ($\bar{a}$),
Komplexe Amplitude: Buchstabe unterstrichen ($\underline{a}$),
Scheitelwert: Buchstabe mit Akzent ($\check{a} = |\underline{a}|$).

Damit ergibt sich beispielsweise

$$a = \bar{a} + \check{a} \cos (\omega t + \varphi)$$

$$= \bar{a} + \mathrm{Re} \left\{\check{a} \exp \big(j(\omega t + \varphi)\big)\right\}$$

$$= \{\bar{a} + \mathrm{Re}\, \underline{a} \exp (j\omega t)\}$$

mit

$$\underline{a} = \check{a} \exp (j\varphi).$$

Die Bedeutung der positiven Richtungen für Ströme und Spannungen in einer Schaltung wurde ebenfalls nicht geändert. Das heißt, ein Strom I ist dann positiv, wenn die Bewegungsrichtung positiver Ladungsträger zu dem betrachteten Zeitpunkt mit der Pfeilrichtung übereinstimmen würde, und eine Spannung U erhält das positive Vorzeichen, wenn der Pfeil zu dem betrachteten Zeitpunkt vom höheren zum niedrigeren elektrischen Potential zeigt. Dabei ist es gleichgültig, ob es sich bei der Spannung U um einen Spannungsabfall oder die Spannung einer Stromquelle handelt.

Die wichtigsten Symbole, ihre Bedeutung, die sie in den meisten Fällen besitzen, Zahlenwerte und einige nützliche Rechenregeln sind in der Einleitung zu Band 1 enthalten. Alle Formelzeichen, die im Text oder in den Abbildungen neu eingeführt werden, sind wie in den vorhergehenden Bänden auf dem betreffenden Seitenkopf vermerkt.

Für die Durchsicht des vorliegenden Bandes sind wir den Herren Dr. H. Ernst, Doz. Dr. D. Fenzke, Ing. Ing. B. Knorr und Ing. G. Seiffert sehr zu Dank verpflichtet.

Frl. E. Lehmann und Frau R. Seiffert danken wir für die technische Herstellung des Manuskriptes und dem Akademie-Verlag für die angenehme Zusammenarbeit.

H. Pfeifer, W. Heink

Leipzig, im August 1974

Inhaltsverzeichnis

Inhaltsverzeichnis der weiteren Bände

Teil I: Theorie linearer Bauelemente

43. Allgemeine Grundlagen

43.1. Elemente der Vierpoltheorie

Ein *Vierpol* ist eine elektrische Schaltung zur Übertragung elektrischer Leistung mit zwei Eingangs- und zwei Ausgangsklemmen (z. B. Transformator, Transistorverstärker). Die positiven Richtungen des Eingangs- bzw. Ausgangsstromes (I_1, I_2) und der Eingangs- bzw. Ausgangsspannung (U_1, U_2) werden entsprechend Abb. 43.1

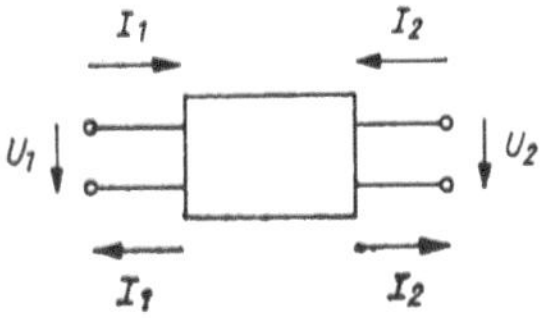

Abb. 43.1. Positive Richtungen von Strömen und Spannungen bei einem Vierpol

gewählt. Man beachte, daß in der Literatur auch oft die positive Richtung von I_2 entgegengesetzt gewählt wird (vgl. z. B. Abschn. 14.3.1.).

Bei *linearen* Vierpolen sind die vier Größen I_1, I_2, U_1, U_2 durch lineare Beziehungen miteinander verknüpft. Bei *passiven* Vierpolen gilt für die Summe der an den Klemmen aufgenommenen Wirkleistungen

$$\overline{U_1(t)\, I_1(t)} + \overline{U_2(t)\, I_2(t)} \geqq 0\,, \tag{43.1}$$

bei *aktiven* Vierpolen ist die Summe kleiner als Null.

Im folgenden werden ausschließlich lineare Vierpole behandelt. Damit können alle Kleinsignalprobleme bei Transistoren erfaßt werden, da für kleine Aussteuerungen die Kennlinienkrümmungen vernachlässigbar sind. Außerdem ist die Verwendung der komplexen Wechselstromrechnung (Abschn. 1.2.) möglich. Bezeichnen wir wie üblich mit $\underline{I}_1$, $\underline{I}_2$, $\underline{U}_1$, $\underline{U}_2$ die komplexen Amplituden, so müssen zwischen diesen vier Größen lineare Beziehungen gelten. Löst man diese auf nach $\underline{U}_1$ und $\underline{U}_2$, so erhält man

$$\begin{aligned} \underline{U}_1 &= \underline{Z}_{11}\underline{I}_1 + \underline{Z}_{12}\,\underline{I}_2\,, \\ \underline{U}_2 &= \underline{Z}_{21}\underline{I}_1 + \underline{Z}_{22}\,\underline{I}_2\,, \end{aligned} \tag{43.2}$$

wobei $\underline{Z}_{ik}$ komplexe Konstanten sind, die von der Frequenz abhängen können und die die Dimension eines Widerstands besitzen. Sie definieren die *Widerstandsmatrix* (Impedanzmatrix) des Vierpols:

$$\begin{pmatrix} \underline{U}_1 \\ \underline{U}_2 \end{pmatrix} = \begin{pmatrix} \underline{Z}_{11} & \underline{Z}_{12} \\ \underline{Z}_{21} & \underline{Z}_{22} \end{pmatrix} \begin{pmatrix} \underline{I}_1 \\ \underline{I}_2 \end{pmatrix}. \tag{43.3}$$

Bei Auflösung nach $\underline{I}_1$ und $\underline{I}_2$ folgt die *Leitwertmatrix* (Admittanzmatrix)

$$\begin{pmatrix} \underline{I}_1 \\ \underline{I}_2 \end{pmatrix} = \begin{pmatrix} \underline{Y}_{11} & \underline{Y}_{12} \\ \underline{Y}_{21} & \underline{Y}_{22} \end{pmatrix} \begin{pmatrix} \underline{U}_1 \\ \underline{U}_2 \end{pmatrix}, \tag{43.4}$$

deren Elemente mitunter auch durch einfach indizierte Buchstaben dargestellt werden:

$$\begin{aligned} \underline{Y}_{11} &= \underline{Y}_i = \text{Eingangsleitwert bei Kurzschluß des Ausgangs } (\underline{U}_2 = 0), \\ \underline{Y}_{12} &= \underline{Y}_r = \text{Rückwärtssteilheit bei Kurzschluß des Eingangs } (\underline{U}_1 = 0), \\ \underline{Y}_{21} &= \underline{Y}_f = \text{Vorwärtssteilheit bei Kurschluß des Ausgangs } (\underline{U}_2 = 0), \\ \underline{Y}_{22} &= \underline{Y}_0 = \text{Ausgangsleitwert bei Kurzschluß des Eingangs } (\underline{U}_1 = 0). \end{aligned} \tag{43.5}$$

Die Auflösung nach $\underline{U}_1$ und $\underline{I}_1$ führt zur *Kettenmatrix* (man beachte das Minuszeichen bei I_2)

$$\begin{pmatrix} \underline{U}_1 \\ \underline{I}_1 \end{pmatrix} = \begin{pmatrix} \underline{a}_{11} & \underline{a}_{12} \\ \underline{a}_{21} & \underline{a}_{22} \end{pmatrix} \begin{pmatrix} \underline{U}_2 \\ -\underline{I}_2 \end{pmatrix}, \tag{43.6}$$

deren Elemente keine einheitliche Dimension besitzen.

Löst man nach $\underline{U}_1$ und $\underline{I}_2$ auf, so ergibt sich die *Hybridmatrix*

$$\begin{pmatrix} \underline{U}_1 \\ \underline{I}_2 \end{pmatrix} = \begin{pmatrix} \underline{h}_{11} & \underline{h}_{12} \\ \underline{h}_{21} & \underline{h}_{22} \end{pmatrix} \begin{pmatrix} \underline{I}_1 \\ \underline{U}_2 \end{pmatrix}, \tag{43.7}$$

die eine wichtige Rolle bei Niederfrequenzschaltungen mit Transistoren spielt. Deshalb wird das entsprechende Gleichungssystem noch ausführlich aufgeschrieben:

$$\begin{aligned} \underline{U}_1 &= \underline{h}_{11}\underline{I}_1 + \underline{h}_{12}\underline{U}_2, \\ \underline{I}_2 &= \underline{h}_{21}\underline{I}_1 + \underline{h}_{22}\underline{U}_2, \end{aligned} \tag{43.8}$$

aus dem man sofort die Bedeutung der einzelnen Parameter (gleichzeitig Meßvorschrift) abliest:

$\underline{h}_{11}$ = Eingangswiderstand bei Kurzschluß des Ausgangs ($\underline{U}_2 = 0$),

$\underline{h}_{12}$ = Spannungsverstärkung rückwärts bei Leerlauf des Eingangs ($\underline{I}_1 = 0$),

$\underline{h}_{21}$ = Stromverstärkung bei Kurzschluß des Ausgangs ($\underline{U}_2 = 0$),

$\underline{h}_{22}$ = Ausgangsleitwert bei Leerlauf des Eingangs ($\underline{I}_1 = 0$).

Die Matrix bei Auflösung des Gleichungssystems nach $\underline{I}_1$ und $\underline{U}_2$ wird als $\underline{c}$-Matrix bezeichnet. Sie spielt eine gewisse Rolle bei der Rückkopplung (Abschn. 44.5.).

Das entsprechende Gleichungssystem lautet

$$\begin{aligned} \underline{I}_1 &= \underline{c}_{11}\underline{U}_1 + \underline{c}_{12}\underline{I}_2, \\ \underline{U}_2 &= \underline{c}_{21}\underline{U}_1 + \underline{c}_{22}\underline{I}_2. \end{aligned} \tag{43.9}$$

Die Umrechnung der verschiedenen Matrizen ist elementar möglich. Die Ergebnisse sind in Tab. 43.1 zusammengestellt.

Tabelle 43.1. Umrechnung der verschiedenen Vierpolparameter. Dabei bedeutet $\det \underline{a} = \underline{a}_{11}\underline{a}_{22} - \underline{a}_{12}\underline{a}_{21}$ und analog $\det \underline{h}$ usw.

$$\underline{a}_{11} = -\frac{\det \underline{h}}{\underline{h}_{21}} = -\frac{\underline{Y}_{22}}{\underline{Y}_{21}} = \frac{1}{\underline{c}_{21}} = \frac{\underline{Z}_{11}}{\underline{Z}_{21}}$$

$$\underline{a}_{12} = -\frac{\underline{h}_{11}}{\underline{h}_{21}} = -\frac{1}{\underline{Y}_{21}} = \frac{\underline{c}_{22}}{\underline{c}_{21}} = \frac{\det \underline{Z}}{\underline{Z}_{21}}$$

$$\underline{a}_{21} = -\frac{\underline{h}_{22}}{\underline{h}_{21}} = -\frac{\det \underline{Y}}{\underline{Y}_{21}} = \frac{\underline{c}_{11}}{\underline{c}_{21}} = \frac{1}{\underline{Z}_{21}}$$

$$\underline{a}_{22} = -\frac{1}{\underline{h}_{21}} = -\frac{\underline{Y}_{11}}{\underline{Y}_{21}} = \frac{\det \underline{c}}{\underline{c}_{21}} = \frac{\underline{Z}_{22}}{\underline{Z}_{21}}$$

$$\underline{h}_{11} = \frac{\underline{a}_{12}}{\underline{a}_{22}} = \frac{1}{\underline{Y}_{11}} = \frac{\underline{c}_{22}}{\det \underline{c}} = \frac{\det \underline{Z}}{\underline{Z}_{22}}$$

$$\underline{h}_{12} = \frac{\det \underline{a}}{\underline{a}_{22}} = -\frac{\underline{Y}_{12}}{\underline{Y}_{11}} = -\frac{\underline{c}_{12}}{\det \underline{c}} = \frac{\underline{Z}_{12}}{\underline{Z}_{22}}$$

$$\underline{h}_{21} = -\frac{1}{\underline{a}_{22}} = \frac{\underline{Y}_{21}}{\underline{Y}_{11}} = -\frac{\underline{c}_{21}}{\det \underline{c}} = -\frac{\underline{Z}_{21}}{\underline{Z}_{22}}$$

$$\underline{h}_{22} = \frac{\underline{a}_{21}}{\underline{a}_{22}} = \frac{\det \underline{Y}}{\underline{Y}_{11}} = \frac{\underline{c}_{11}}{\det \underline{c}} = \frac{1}{\underline{Z}_{22}}$$

$$\underline{Y}_{11} = \frac{\underline{a}_{22}}{\underline{a}_{12}} = \frac{1}{\underline{h}_{11}} = \frac{\det \underline{c}}{\underline{c}_{22}} = \frac{\underline{Z}_{22}}{\det \underline{Z}}$$

$$\underline{Y}_{12} = -\frac{\det \underline{a}}{\underline{a}_{12}} = -\frac{\underline{h}_{12}}{\underline{h}_{11}} = \frac{\underline{c}_{12}}{\underline{c}_{22}} = -\frac{\underline{Z}_{12}}{\det \underline{Z}}$$

$$\underline{Y}_{21} = -\frac{1}{\underline{a}_{12}} = \frac{\underline{h}_{21}}{\underline{h}_{11}} = -\frac{\underline{c}_{21}}{\underline{c}_{22}} = -\frac{\underline{Z}_{21}}{\det \underline{Z}}$$

$$\underline{Y}_{22} = \frac{\underline{a}_{11}}{\underline{a}_{12}} = \frac{\det \underline{h}}{\underline{h}_{11}} = \frac{1}{\underline{c}_{22}} = \frac{\underline{Z}_{11}}{\det \underline{Z}}$$

$$\underline{c}_{11} = \frac{\underline{a}_{21}}{\underline{a}_{11}} = \frac{\underline{h}_{22}}{\det \underline{h}} = \frac{\det \underline{Y}}{\underline{Y}_{22}} = \frac{1}{\underline{Z}_{11}}$$

$$\underline{c}_{12} = -\frac{\det \underline{a}}{\underline{a}_{11}} = -\frac{\underline{h}_{12}}{\det \underline{h}} = \frac{\underline{Y}_{12}}{\underline{Y}_{22}} = -\frac{\underline{Z}_{12}}{\underline{Z}_{11}}$$

$$\underline{c}_{21} = \frac{1}{\underline{a}_{11}} = -\frac{\underline{h}_{21}}{\det \underline{h}} = -\frac{\underline{Y}_{21}}{\underline{Y}_{22}} = \frac{\underline{Z}_{21}}{\underline{Z}_{11}}$$

$$\underline{c}_{22} = \frac{\underline{a}_{12}}{\underline{a}_{11}} = \frac{\underline{h}_{11}}{\det \underline{h}} = \frac{1}{\underline{Y}_{22}} = \frac{\det \underline{Z}}{\underline{Z}_{11}}$$

$$\underline{Z}_{11} = \frac{\underline{a}_{11}}{\underline{a}_{21}} = \frac{\det \underline{h}}{\underline{h}_{22}} = \frac{\underline{Y}_{22}}{\det \underline{Y}} = \frac{1}{\underline{c}_{11}}$$

$$\underline{Z}_{12} = \frac{\det \underline{a}}{\underline{a}_{21}} = \frac{\underline{h}_{12}}{\underline{h}_{22}} = -\frac{\underline{Y}_{12}}{\det \underline{Y}} = -\frac{\underline{c}_{12}}{\underline{c}_{11}}$$

$$\underline{Z}_{21} = \frac{1}{\underline{a}_{21}} = -\frac{\underline{h}_{21}}{\underline{h}_{22}} = -\frac{\underline{Y}_{21}}{\det \underline{Y}} = \frac{\underline{c}_{21}}{\underline{c}_{11}}$$

$$\underline{Z}_{22} = \frac{\underline{a}_{22}}{\underline{a}_{21}} = \frac{1}{\underline{h}_{22}} = \frac{\underline{Y}_{11}}{\det \underline{Y}} = \frac{\det \underline{c}}{\underline{c}_{11}}$$

Die einzelnen Darstellungen besitzen folgende Vorteile.

$\underline{h}$-Parameter: Leichte Meßbarkeit am Transistor bei Niederfrequenz.

$\underline{a}$-Parameter: Bei der Kettenschaltung zweier Vierpole (vgl. Abb. 43.2) ergibt sich die Kettenmatrix des resultierenden Vierpols einfach durch Multiplikation der

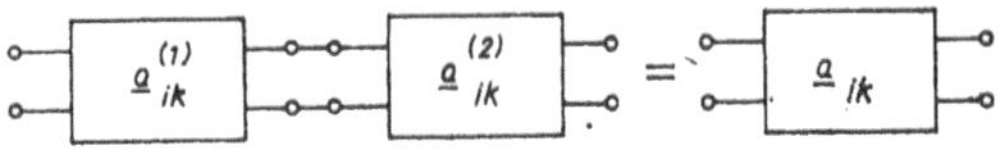

Abb. 43.2. Kettenschaltung (Hintereinanderschaltung) zweier Vierpole

Kettenmatrizen der Einzelvierpole:

$$\underline{a}_{lm} = \sum_n \underline{a}_{ln}^{(1)} \underline{a}_{nm}^{(2)}. \qquad (43.10)$$

$\underline{Y}$-Parameter: Leichte Meßbarkeit am Transistor bei Hochfrequenz, Addition der Leitwertmatrizen der Einzelvierpole bei Parallel-Parallel-Schaltung zur Leitwertmatrix des resultierenden Vierpols (vgl. Abb. 43.3):

$$\underline{Y}_{ik} = \underline{Y}_{ik}^{(1)} + \underline{Y}_{ik}^{(2)} \qquad (43.11)$$

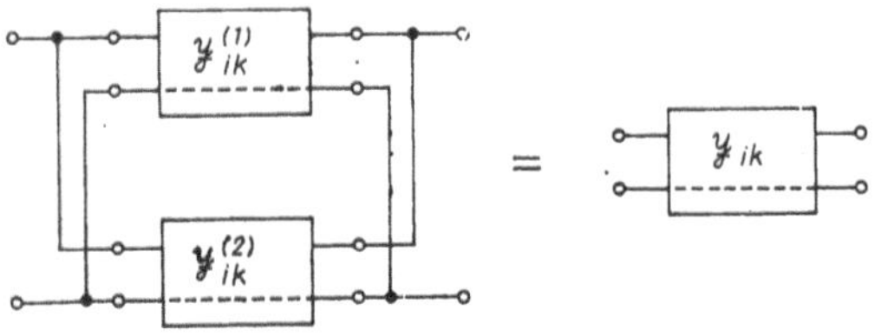

Abb. 43.3. Parallelschaltung zweier Vierpole
(Besitzen die beiden Einzelvierpole jeweils eine durchgehende Innenverbindung, so sind diese parallel zu schalten)

Ein entsprechender Satz gilt für die $\underline{Z}$-Parameter bei Reihen-Reihen-Schaltung, für die $\underline{h}$-Parameter bei Reihen-Parallel-Schaltung und für die $\underline{c}$-Parameter bei Parallel-Reihen-Schaltung.

Als Beispiele für die Zusammenschaltung von Vierpolen mit Einzelwiderständen seien die beiden Schaltungen der Abb. 43.4 gewählt.

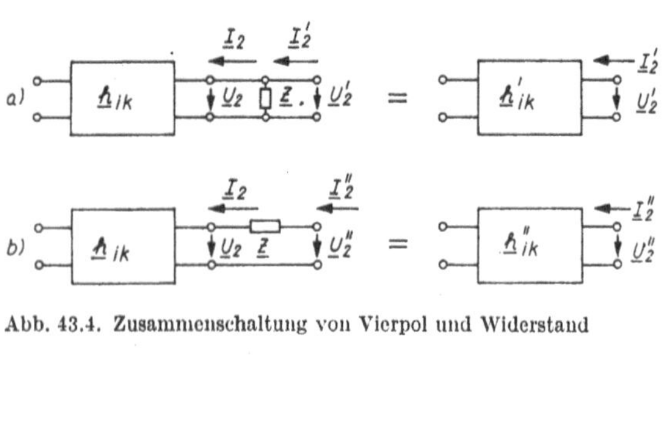

Abb. 43.4. Zusammenschaltung von Vierpol und Widerstand

Durch Einsetzen von (vgl. Abb. 43.4a)

$$\underline{U}_2 = \underline{U}_2', \quad \underline{I}_2 = \underline{I}_2' - \frac{\underline{U}_2'}{\underline{Z}} \tag{43.12}$$

bzw. von (Abb. 43.4b)

$$\underline{U}_2 = \underline{U}_2'' - \underline{I}_2''\underline{Z}, \quad \underline{I}_2 = \underline{I}_2'' \tag{43.13}$$

in die Vierpolgleichungen Gl. (43.8) erhält man für die Parameter des neuen Vierpols (Abb. 43.4a)

$$\underline{h}'_{11} = \underline{h}_{11}; \; \underline{h}'_{12} = \underline{h}_{12}, \quad \underline{h}'_{21} = \underline{h}_{21}; \; \underline{h}'_{22} = \underline{h}_{22} + \frac{1}{\underline{Z}} \tag{43.14}$$

bzw. (Abb. 43.4b)

$$\underline{h}''_{11} = \underline{h}_{11} - \frac{\underline{Z}\underline{h}_{12}\underline{h}_{21}}{1 + \underline{h}_{22}\underline{Z}}; \; \underline{h}''_{12} = \underline{h}_{12} - \frac{\underline{Z}\underline{h}_{12}\underline{h}_{22}}{1 + \underline{h}_{22}\underline{Z}};$$

$$\underline{h}''_{21} = \frac{\underline{h}_{21}}{1 + \underline{h}_{22}\underline{Z}}; \; \underline{h}''_{22} = \frac{\underline{h}_{22}}{1 + \underline{h}_{22}\underline{Z}}. \tag{43.15}$$

Bei der Zusammenschaltung eines Vierpols mit einer Signalquelle und einem Lastwiderstand ergeben sich die sogenannten Betriebskenngrößen des Vierpols. Der Einfachheit halber soll zunächst angenommen werden, daß die $\underline{h}$-Parameter und die Widerstände reell sind (vgl. Abb. 43.5).

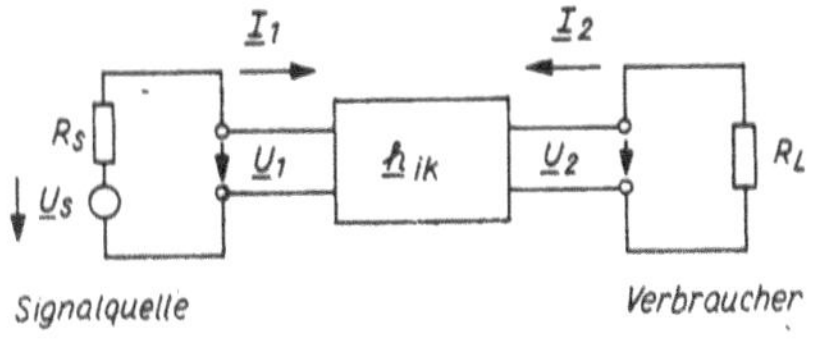

Abb. 43.5. Vierpol mit Signalquelle und Verbraucher (Lastwiderstand). Die $\underline{h}$-Parameter und die Widerstände seien reell

Wir definieren zunächst die Hilfsgrößen

$$H = \frac{h_{12}h_{21}}{h_{11}h_{22}},$$

$$L = \frac{R_L h_{22}}{R_L h_{22} + 1}, \qquad (43.16)$$

$$S = \frac{h_{11}}{h_{11} + R_S}.$$

Dann ergibt eine einfache Rechnung für den Betriebseingangswiderstand

$$R_1 = \frac{\underline{U}_1}{\underline{I}_1} = h_{11} \quad (1 - HL), \qquad (43.17)$$

für den Betriebsausgangswiderstand (dabei wird $\underline{U}_S = 0$ gesetzt)

$$R_0 = \frac{\underline{U}_2}{\underline{I}_2} = \{h_{22}(1 - HS)\}^{-1}, \qquad (43.18)$$

für die Betriebsstromverstärkung

$$V_I = \frac{\underline{I}_2}{\underline{I}_1} = h_{21}\,(1 - L) \qquad (43.19)$$

und für die Betriebsspannungsverstärkung

$$V_U = \frac{\underline{U}_2}{\underline{U}_1} = - \frac{HL}{1 - HL} \cdot \frac{1}{h_{12}}. \qquad (43.20)$$

Gleichzeitige Anpassung auf der Eingangs- *und* der Ausgangsseite liegt vor, wenn man

$$R_S = h_{11}\sqrt{1 - H},$$

$$R_L = \frac{1}{h_{22}\sqrt{1 - H}} \qquad (43.21)$$

wählt. Die Leistungsverstärkung bei dieser Anpassung (maximale Leistungsverstärkung) ergibt sich zu

$$g_{max} = \frac{\frac{1}{2R_L}\underline{U}_2\underline{U}_2^*}{\frac{1}{8R_S}\underline{U}_S\underline{U}_S^*} = \frac{h_{21}^2}{h_{11}h_{22}} \left(1 + \sqrt{1 - H}\right)^{-2}. \quad (43.22)$$

Bei höheren Frequenzen sind die Vierpolparameter des Transistors nicht mehr reell. Man rechnet dann meist mit den (komplexen) $\underline{Y}$-Parametern. Für die Betriebskenngrößen der allgemeinen Schaltung nach Abb. 43.6 ergeben sich dann die in Tab. 43.2 zusammengestellten Werte.

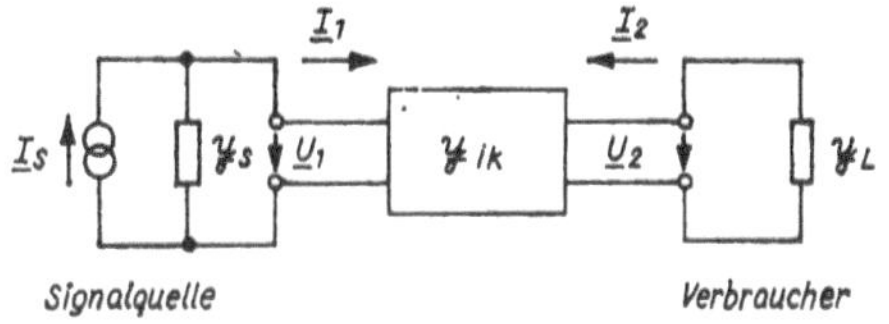

Abb. 43.6. Vierpol mit Signalquelle und Verbraucher (Lastleitwert). Die $\underline{Y}$-Parameter und Leitwerte seien beliebige komplexe Größen

Tabelle 43.2. Betriebskenngrößen der Schaltung nach Abb. 43.6

Betriebseingangsleitwert $\underline{Y}_I = \frac{\underline{I}_1}{\underline{U}_1} = \frac{\det \underline{Y} + \underline{Y}_{11}\underline{Y}_L}{\underline{Y}_{22} + \underline{Y}_L}$

Betriebsausgangsleitwert $\underline{Y}_0 = \frac{\underline{I}_2}{\underline{U}_2} = \frac{\det \underline{Y} + \underline{Y}_{22}\underline{Y}_S}{\underline{Y}_{11} + \underline{Y}_S}$

Betriebsstromverstärkung $\underline{V}_I = \frac{\underline{I}_2}{\underline{I}_1} = \frac{\underline{Y}_{21}\underline{Y}_L}{\det \underline{Y} + \underline{Y}_{11}\underline{Y}_L}$

Betriebsspannungsverstärkung $\underline{V}_U = \frac{\underline{U}_2}{\underline{U}_1} = \frac{-\underline{Y}_{21}}{\underline{Y}_{22} + \underline{Y}_L}$

mit $\det \underline{Y} = \underline{Y}_{11}\underline{Y}_{22} - \underline{Y}_{12}\underline{Y}_{21}$

maximale Leistungsverstärkung

$$g_{max} = \frac{|\underline{Y}_{21}|^2}{\mathrm{Re}\{\underline{Y}_{11}\}\,\mathrm{Re}\{\underline{Y}_{22}\}\left[2(1 + A) - \dfrac{\mathrm{Re}\{\underline{Y}_{12}\underline{Y}_{21}\}}{\mathrm{Re}\{\underline{Y}_{11}\}\,\mathrm{Re}\{\underline{Y}_{22}\}}\right]}$$

$$A = \sqrt{\left[1 - \frac{\mathrm{Re}\{\underline{Y}_{12}\underline{Y}_{21}\}}{2\mathrm{Re}\{\underline{Y}_{11}\}\,\mathrm{Re}\{\underline{Y}_{22}\}}\right]^2 - \frac{|\underline{Y}_{12}\underline{Y}_{21}|^2}{(2\mathrm{Re}\{\underline{Y}_{11}\}\,\mathrm{Re}\{\underline{Y}_{22}\})^2}}$$

Weitere Beispiele für die Anwendung der Vierpoltheorie finden sich in den Abschnitten 14.3.1. und 16.

43.2. Der Flächentransistor

Es gibt zwei Arten von Flächentransistoren, die sich durch die Kombination von p- und n-leitendem Material unterscheiden, nämlich die pnp-Transistoren (meist Germanium) und die npn-Transistoren (meist Silizium). Abb. 43.7 zeigt den prinzipiellen Aufbau und die Schaltzeichen (vgl. Abschnitt 37.).

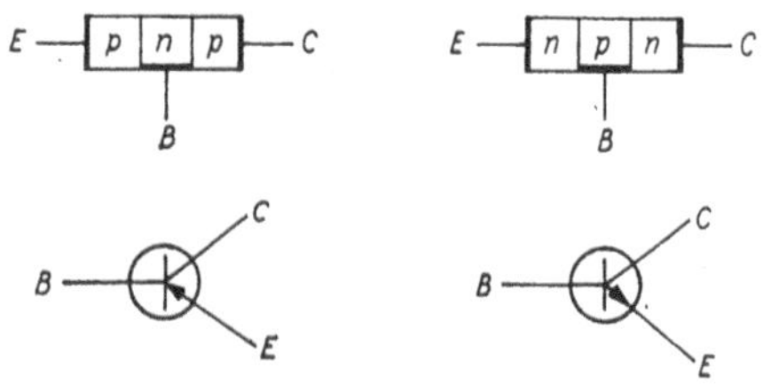

Abb. 43.7. Schaltzeichen für Transistoren
(E = Emitter, B = Basis, C = Kollektor)

Im Normalfall wird der linke pn-Übergang in Durchlaß- und der rechte in Sperrichtung vorgespannt. Die Wahl der positiven Richtungen für die Ströme und Spannungen ist aus Abb. 43.8 zu ersehen. Nach dem eben Gesagten gilt also für pnp-Transistoren in Basisschaltung:

$$U_{EB} > 0;\ U_{CB} < 0$$

und folglich in Emitterschaltung:

$$U_{BE} < 0;\ U_{CE} < 0.$$

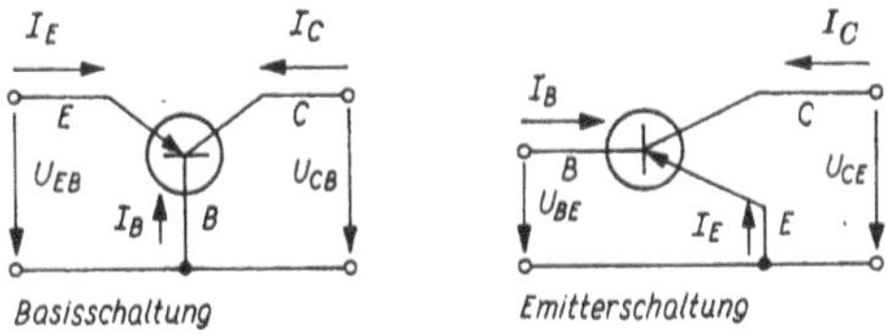

Abb. 43.8. Positive Richtungen für Ströme und Spannungen bei Transistoren

Aus der Theorie (vgl. Abschn. 37.) folgt dann für die Ströme

$$I_B < 0;\ I_C < 0;\ I_E > 0.$$

Bei npn-Transistoren sind alle Vorzeichen umgekehrt. Die Abb. 43.9 zeigt Kennlinienfelder für einen npn-Transistor. I_{CBO} heißt Kollektorsperrstrom. Die Steigung der $I_C - I_E$-Kennlinie wird mit α_0 und die der $I_C - I_B$-Kennlinie mit β_0 bezeichnet. Es gelten folgende Beziehungen (vgl. Abschn. 37. und 39.)

$$I_{CBO} = (1 - \alpha_0)\, I_{CEO}, \tag{43.23}$$

$$\beta_0 = \frac{\alpha_0}{1 - \alpha_0} \tag{43.24}$$

mit $\alpha_0 \leqq 1$. Gl. (43.23) läßt sich zur einfachen Kontrolle der Funktionstüchtigkeit eines Transistors verwenden:

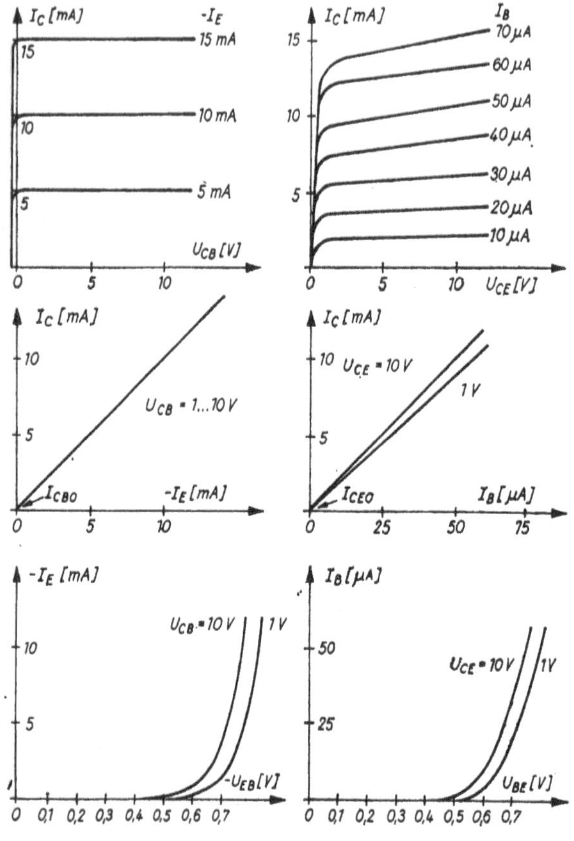

Abb. 43.9. Kennlinienfelder für einen npn-Transistor vom Typ SF 137 D bei einer Sperrschichttemperatur von 25 °C (bei einem pnp-Transistor sind alle Vorzeichen umzukehren)

Beim Schließen des Schalters S in Abb. 43.10 muß der Kollektorstrom wesentlich kleiner werden ($I_{CEO} \rightarrow I_{CBO}$).

Kollektorsperrstrom und Kollektorreststrom vergrößern sich stark bei Temperaturzunahme, und zwar um einen Faktor 2···3 je 10 K. Da bei Silizium I_{CBO} und I_{CEO} um ca. drei Größenordnungen kleiner sind als bei Germanium, kann ihr Einfluß auf den Gesamtstrom für Siliziumtransistoren meist vernachlässigt werden. Silizium ist auch hinsichtlich der maximal zulässigen Kristalltemperatur günstiger als Germanium ($T_{\text{grenz Si}} \approx 150$ bis $200\,°\text{C}$, $T_{\text{grenz Ge}} \approx 75$ bis $90\,°\text{C}$).

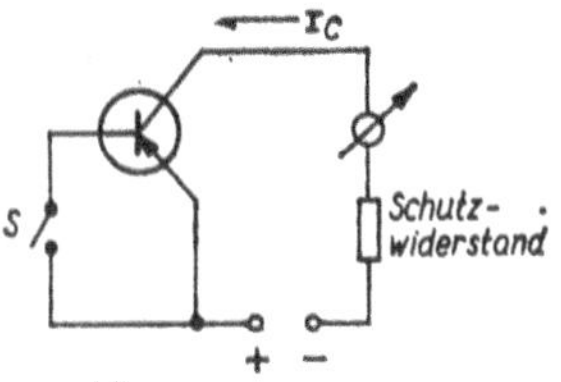

Abb. 43.10. Prüfschaltung für Transistoren

Neben der Temperaturabhängigkeit des Kollektorstromes ist die Änderung der Basis-Emitterspannung (bei konstant gehaltenem Basisstrom) mit der Temperatur von besonderer Bedeutung: Die Spannung verringert sich um ca. 2 mV pro K (d. h., bei gleicher Basisspannung ergibt sich ein größerer Basisstrom).

Wenn man einen geeigneten Arbeitspunkt im Kennlinienfeld eingestellt hat und an dieser Stelle kleine und niederfrequente Änderungen der Ströme und Spannungen vornimmt (Kleinsignal-Niederfrequenz-Verhalten), so gelten zwischen diesen lineare Beziehungen. Wir kennzeichnen die komplexen Amplituden wie üblich durch Unterstreichen und erhalten z. B. für die Emitterschaltung .

$$\underline{U}_{\text{BE}} = h_{11\text{E}}\underline{I}_{\text{B}} + h_{12\text{E}}\underline{U}_{\text{CE}}$$
$$\underline{I}_{\text{C}} = h_{21\text{E}}\underline{I}_{\text{B}} + h_{22\text{E}}\underline{U}_{\text{CE}}. \qquad (43.25)$$

Die $h_{ik\text{E}}$ ergeben sich als Differentialquotienten der Kennlinien (vgl. Abb. 43.9) am Arbeitspunkt. Sie sind für niedrige Frequenzen reell und frequenzunabhängig. Die Größenordnung entnimmt man aus Tab. 43.3.

Tabelle 43.3. Charakteristische Werte für die h-Parameter eines Transistors in Emitterschaltung (Arbeitspunkt $U_{CE} \approx 5V$, $I_c \approx 2$ mA)

	Germanium	Silizium
h_{11E}	1 kΩ	10 kΩ
h_{12E}	1‰	0,2‰
$\beta_0 = h_{21E}$	50	500
h_{22E}	$(10\ \text{k}\Omega)^{-1}$	$(20\ \text{k}\Omega)^{-1}$

Zur Umrechnung in die Hybridparameter für die Basis- und die Kollektorschaltung vgl. Tab. 39.1 bis 39.3.

Bei höheren Frequenzen werden die h-Parameter komplex:
Für $\underline{h}_{21E}$ gilt näherungsweise

$$\underline{h}_{21E} = \frac{\beta_0}{1 + j\,\dfrac{\omega}{\omega_\beta}} = \underline{\beta} \tag{43.26}$$

und für $\underline{h}_{21B}$

$$\underline{h}_{21B} = -\frac{\alpha_0}{1 + j\,\dfrac{\omega}{\omega_\alpha}} = -\underline{\alpha}\,. \tag{43.27}$$

$\dfrac{\omega_\beta}{2\pi}$ bzw. $\dfrac{\omega_\alpha}{2\pi}$ werden als β- bzw. α-Grenzfrequenz bezeichnet. Zwischen ihnen und der sog. Transitfrequenz $\dfrac{\omega_T}{2\pi}$ gelten die folgenden Beziehungen (vgl. Abschn. 39.):

$$\omega_\beta = (1 - \alpha_0)\,\omega_\alpha\,, \tag{43.28}$$

$$\omega_T = \omega_\alpha\,. \tag{43.29}$$

Bei Frequenzen, die nicht mehr klein gegen ω_β sind, ist es aus meßtechnischen Gründen üblich, statt der Hybrid-

die Leitwertparameter ($\underline{Y}_{ik}$) zu verwenden. Zur Umrechnung vgl. Tab. 39.4 oder 43.1. Der Zusammenhang zwischen den $\underline{Y}$-Parametern in Basis- und Kollektorschaltung mit denen der Emitterschaltung ist in Tab. 43.4

Tabelle 43.4. Zusammenhang zwischen den $\underline{Y}$-Parametern in Basis- und Kollektorschaltung mit denen der Emitterschaltuug

$$\underline{Y}_{11B} = \underline{Y}_{11E} + \underline{Y}_{12E} + \underline{Y}_{21E} + \underline{Y}_{22E}$$

$$\underline{Y}_{12B} = -(\underline{Y}_{12E} + \underline{Y}_{22E})$$

$$\underline{Y}_{21B} = -(\underline{Y}_{21E} + \underline{Y}_{22E})$$

$$\underline{Y}_{22B} = \underline{Y}_{22E}$$

$$\underline{Y}_{11C} = \underline{Y}_{11E}$$

$$\underline{Y}_{12C} = -(\underline{Y}_{12E} + \underline{Y}_{11E})$$

$$\underline{Y}_{21C} = -(\underline{Y}_{21E} + \underline{Y}_{11E})$$

$$\underline{Y}_{22C} = \underline{Y}_{11E} + \underline{Y}_{12E} + \underline{Y}_{21E} + \underline{Y}_{22E}$$

dargestellt. Die Frequenz- und Stromabhängigkeit der Leitwertparameter ($\underline{Y} = G + jB$) in Emitterschaltung zeigt Abb. 43.11 am Beispiel eines Silizium-npn-Hochfrequenztransistors (SF 137 D).

Bei bekannter Frequenzabhängigkeit der Vierpolparameter eines Transistors bemüht man sich, *Ersatzschaltbilder* aufzustellen, die nur frequenzunabhängige Schaltelemente wie Widerstände, Spulen, Kondensatoren und Stromquellen enthalten, jedoch in einer solchen Kombination, daß die Vierpolparameter dieser Ersatzschaltung die Frequenzabhängigkeit des Transistors richtig wiedergeben. Diese sog. praktischen Ersatzschaltungen (z. B. von GIACOLETTO [G 2]) unterscheiden sich damit grundsätzlich von den physikalischen Ersatzschaltungen (vgl. Abschn. 38.3.), bei denen die Schaltelemente im allg. frequenzabhängige Größen sind, die die physikalischen Zusammenhänge ausdrücken.

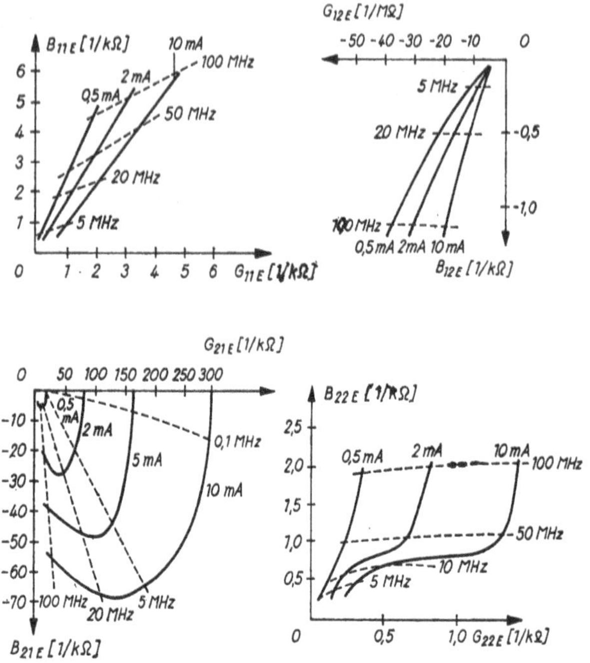

Abb. 43.11. **Frequenz- und Stromabhängigkeit (Kollektorstrom) der Leitwertparameter eines Silizium-npn-Hochfrequenztransistors vom Typ SF 137 D bei einer Sperrschichttemperatur von 25 °C und 10 V Kollektor-Emitterspannung** ($\underline{Y} = G + jB$)

Die wichtigsten Erscheinungen bei der impulsförmigen Großsignalaussteuerung von Transistoren wurden schon am Ende des Abschnitts 37. qualitativ beschrieben. Genauere Darstellungen finden sich in [B 1].

Das Großsignalverhalten der Transistoren bei sinusförmiger Erregung wird im Abschnitt 44.3. mit behandelt. Hinsichtlich des elektronischen Rauschens wird auf die Spezialliteratur verwiesen [P 3], [M 2].

44. Verstärker

44.1. *Gleichspannungs- und Gleichstromverstärker*

Der Gleichstromverstärker unterscheidet sich vom Gleichspannungsverstärker lediglich durch die Forderungen an den Eingangswiderstand. Beim Gleichspannungsverstärker soll der Eingangswiderstand R_i groß gegen den Innenwiderstand der Signalquelle R_S sein, damit der Spannungsabfall an R_i weitestgehend unabhängig von den unvermeidlichen Schwankungen dieses Widerstandes wird; denn es gilt dann (vgl. Abb. 44.1*a*))

$$\overline{U}_i = \frac{R_i}{R_i + R_S} \overline{U}_S \approx \overline{U}_S. \qquad (44.1)$$

Beim Gleichstromverstärker wird durch Parallelschaltung eines kleinen Widerstands R_p zum Eingangswiderstand R_i (vgl. Abb. 44.1*b*) eine Eingangsspannung $\overline{U}_i$ erzeugt, die proportional zum maximalen Eingangsstrom $\overline{I}_S$ (und auch wieder unabhängig von R_i) ist:

$$\overline{U}_i = \frac{R_p \parallel R_i}{R_p \parallel R_i + R_S} \overline{U}_S \approx \frac{R_p}{R_p + R_S} \overline{U}_S \approx \frac{R_p}{R_S} \overline{U}_S = R_p \overline{I}_S. \qquad (44.2)$$

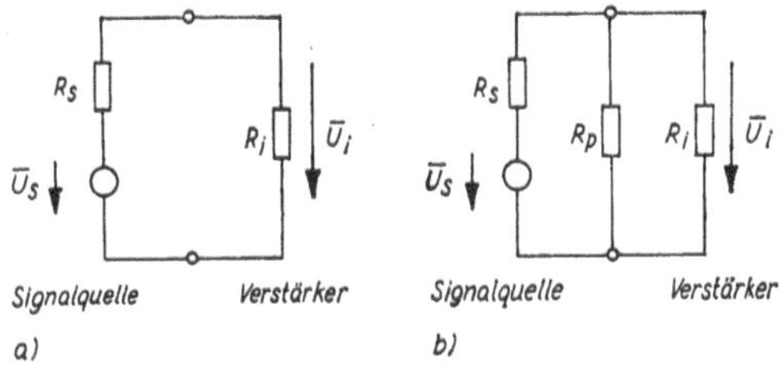

Abb. 44.1. Eingangsschaltungen von Gleichspannungs- (*a*) und Gleichstromverstärkern (*b*)

Das Hauptproblem bei den Gleichspannungsverstärkern[1]) besteht darin, daß eine Trennung der Vorspannung für die Einstellung des Arbeitspunktes von der Signalspannung nicht möglich ist, während dies bei Wechselstromverstärkern einfach durch Koppelkondensatoren oder durch Transformatoren erreicht werden kann. Deshalb ist der Arbeitspunkt beim Gleichspannungsverstärker besonders sorgfältig zu stabilisieren. Im folgenden werden die Einstellung des Arbeitspunktes und die wichtigsten Methoden zur Stabilisierung beschrieben:

Vorgegeben sei die Batteriespannung $\bar{U}_b$, ein Transistor mit seinem Kennlinienfeld, eine Signalquelle, charakterisiert durch ihre EMK $\bar{U}_S$ und ihren Innenwiderstand R_S, und der Lastwiderstand R_L. Dann gilt für die in Abb. 44.2 gezeigte Schaltung

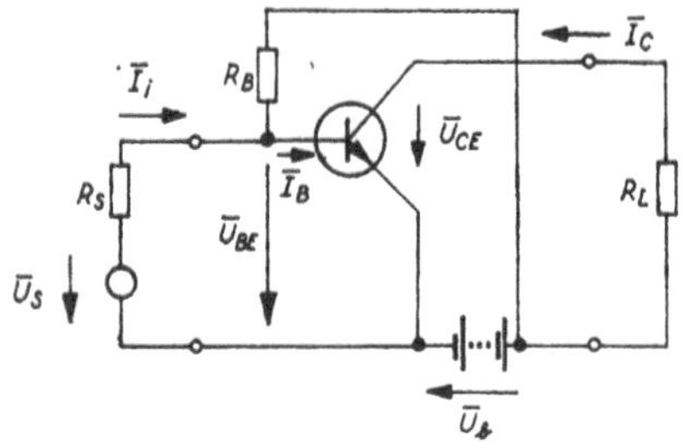

Abb. 44.2. Einstufiger Gleichspannungsverstärker in Emitterschaltung

$$\bar{U}_b = R_L \bar{I}_c + \bar{U}_{CE}, \tag{44.3}$$

$$\bar{U}_b = R_B(\bar{I}_B - \bar{I}_i) + \bar{U}_{BE}, \tag{44.4}$$

$$\bar{U}_S = R_S \bar{I}_i + \bar{U}_{BE}. \tag{44.5}$$

Dabei sind die hier auftretenden Größen $\bar{I}_C$, $\bar{I}_B$, $\bar{U}_{BE}$ und $\bar{U}_{CE}$ durch die Kennlinienfelder verknüpft. Abb. 44.3*a*

[1]) Alle Betrachtungen gelten analog auch für Gleichstromverstärker.

zeigt das $\bar{I}_C - \bar{U}_{CE}$-Kennlinienfeld, in dem die sogenannte Widerstandsgerade (---) eingezeichnet ist, die sich durch Auflösung von Gl. (44.3) nach $\bar{I}_C$ ergibt. $\bar{I}_B$ wird zweckmäßigerweise so gewählt, daß der Arbeitspunkt etwa bei

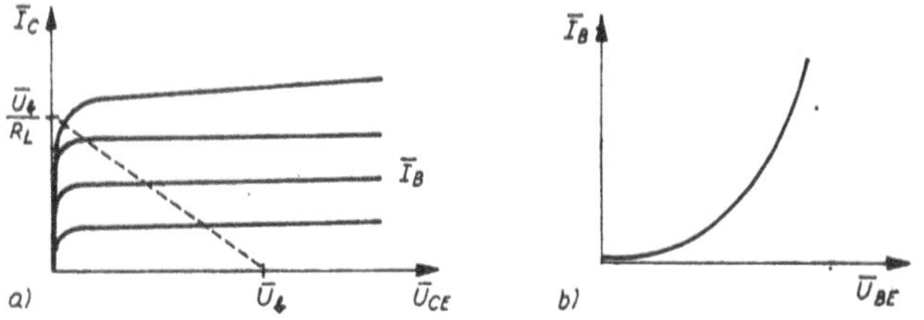

Abb. 44.3. Kennlinienfelder ((*a*) mit Widerstandsgerade) zur Ermittlung des Arbeitspunktes (bei (*b*) wurde eine mittlere Kollektorspannung angenommen)

$\bar{I}_C = \bar{I}_{Cmax}/2$ liegt. Der auf diese Weise bestimmte Basisstrom $\bar{I}_B$ und die daraus (vgl. Abb. 44.3*b*) folgende Spannung $\bar{U}_{BE}$ liefern unter Verwendung der Gln. (44.4) und (44.5) den gesuchten Basiswiderstand R_B:

$$R_B = \frac{\bar{U}_b - \bar{U}_{BE}}{\bar{U}_{BE} + \bar{I}_B R_S - \bar{U}_S} R_S. \qquad (44.6)$$

Die Verstärkungswirkung dieser Schaltung behandeln wir für zwei Spezialfälle: Fall 1: Kleiner Signalquellenwiderstand, beliebige Aussteuerung (beliebige Änderung von $\bar{U}_S$) und Fall 2: beliebiger Signalquellenwiderstand, kleine Aussteuerung (Kleinsignalverhalten).

Fall 1: Bei einer Änderung der Signalspannung $\bar{U}_S$ um $\Delta\bar{U}_S$ ändert sich $\bar{U}_{BE}$ um $\Delta\bar{U}_S$ (vgl. Gl. (44.1) mit $\bar{U}_{BE} = \bar{U}_i$).

Die zugehörige Änderung von $\bar{I}_B$ um $\Delta\bar{I}_B$ gemäß Abb. 44.3*b* führt nach Abb. 44.3*a* zu einer Aussteuerung längs der Widerstandsgeraden und damit zu einer Änderung von $\bar{U}_{CE}$ um $\Delta\bar{U}_{CE}$. Das Verhältnis $\Delta\bar{U}_{CE}/\Delta\bar{U}_S$ ist die Gleichspannungsverstärkung.

Im Fall 2 fassen wir den Transistor als Vierpol auf, so daß sich die in Abb. 44.4 gezeigte Schaltung ergibt, da die Batterie für die Änderungen der Signalspannung einen

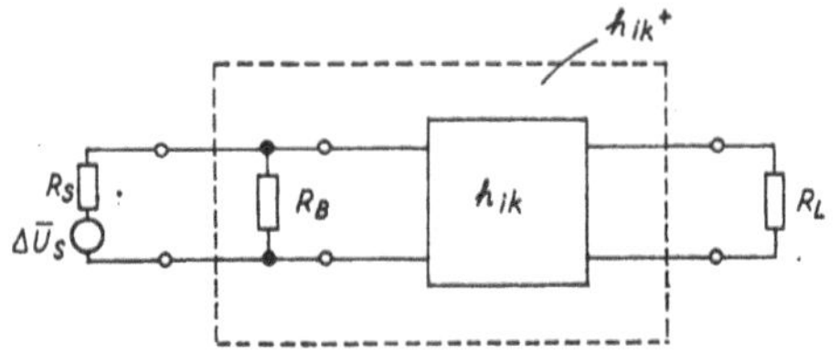

Abb. 44.4. Vierpoldarstellung der Schaltung von Abb 44.2 für kleine Aussteuerungen ($\Delta\bar{U}_S \to 0$)

Kurzschluß darstellt. Widerstand R_B und Transistorvierpol (h_{ik}) ergeben einen neuen Vierpol (h_{ik}^{+}), für den man analog zu den Gln. (43.14) folgende Beziehungen ableiten kann:

$$h_{11}^{+} = \frac{h_{11} R_B}{h_{11} + R_B}, \quad h_{12}^{+} = \frac{h_{12} R_B}{h_{11} + R_B},$$
$$h_{21}^{+} = \frac{h_{21} R_B}{h_{11} + R_B}, \quad h_{22}^{+} = h_{22} - \frac{h_{21} h_{12}}{h_{11} + R_B}. \tag{44.7}$$

Die gesuchte Verstärkung V_U folgt aus Gl. (43.20), wenn man an Stelle der h- die h^{+}-Parameter einsetzt.

Bei Transistorverstärkern ist eine Stabilisierung des Arbeitspunktes erforderlich, da sich für konstant gehaltene Spannungen die Transistorströme in Abhängigkeit von der Temperatur stark ändern (vgl. Abb. 44.5). Als Richtwert zur Konstanthaltung des Kollektorstromes kann man demnach eine notwendige Änderung der Basis-Emitter-Spannung von $-2 \cdots -2{,}5$ mV/K angeben.

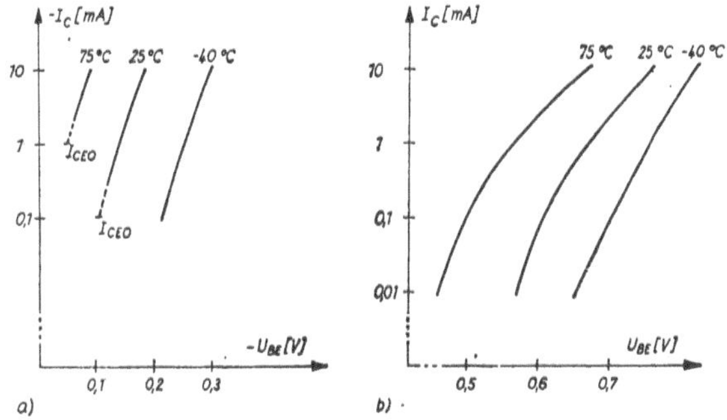

Abb. 44.5. Kollektorstrom in Abhängigkeit von der Basis-Emitter-Spannung bei konstant gehaltener Kollektor-Emitter-Spannung ($|U_{CE}| = 6$ V). Parameter: Kristalltemperatur.
a) Germanium (pnp) Transistor (z. B. GC 116)
b) Silizium (npn) Transistor (z. B. SC 207)

Die einfachste Möglichkeit zur Stabilisierung des Arbeitspunktes zeigt Abb. 44.6. Danach gilt

$$\overline{U}_b = R_L \overline{I}_C + \overline{U}_{CE} + \overline{U}_{EO}, \tag{44.8}$$

$$\overline{U}_b = R_B(\overline{I}_B - \overline{I}_l) + \overline{U}_{BE} + \overline{U}_{EO}, \tag{44.9}$$

$$\overline{U}_S = R_S \overline{I}_l + \overline{U}_{BE} + \overline{U}_{EO}, \tag{44.10}$$

$$\overline{U}_{EO} = R_E(\overline{I}_C + \overline{I}_B) \approx R_E \overline{I}_C. \tag{44.11}$$

Durch Einsetzen von Gl. (44.11) in Gl. (44.8) und Auflösen nach $\overline{I}_C$ ergibt sich die geänderte Widerstandsgerade

$$\overline{I}_C = \frac{\overline{U}_b - \overline{U}_{CE}}{R_L + R_E}. \tag{44.12}$$

Analog zu dem Vorgehen im Anschluß an die Gln. (44.3) bis (44.5) bestimmt man den Basisstrom $\overline{I}_B$ und die Basis-Emitter-Spannung $\overline{U}_{BE}$. Für einen bestimmten Wider-

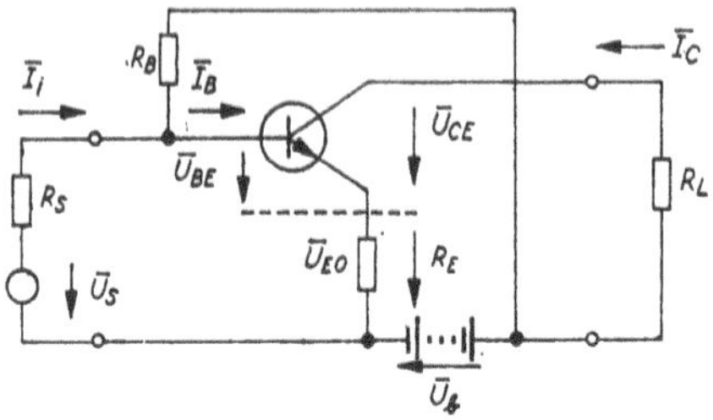

Abb. 44.6. **Einstufiger Gleichspannungsverstärker in Emitterschaltung mit Temperaturstabilisierung (Widerstand R_E)**

stand R_E (zur Festlegung seiner Größe, vgl. unten) folgt dann aus den Gln. (44.9), (44.10) und (44.11)

$$R_B = \frac{\overline{U}_b - \overline{U}_{BE} - R_E \overline{I}_C}{\overline{U}_{BE} + R_E \overline{I}_C + \overline{I}_B R_S - \overline{U}_S} R_S .$$

Die stabilisierende Wirkung des Widerstands R_E erkennt man aus folgender Betrachtung:

Gemäß Abb. 44.5 hängt der Kollektorstrom $\overline{I}_C$ von der Temperatur T sowohl direkt als auch indirekt über $\overline{U}_{BE}$ ab (da sich $\overline{U}_{BE}$ ebenfalls mit der Temperatur ändert):

$$\frac{d\overline{I}_C}{dT} = \left(\frac{\partial \overline{I}_C}{\partial T}\right)_{\overline{U}_{BE}} + \left(\frac{\partial I_C}{\partial \overline{U}_{BE}}\right)_T \cdot \left(\frac{d\overline{U}_{BE}}{dT}\right). \tag{44.14}$$

Die Größe $\left(\frac{d\overline{U}_{BE}}{dT}\right)_{\overline{I}_C}$ erhält man aus den Gln. (44.9) bis (44.11) nach Eliminieren von $\overline{I}_i$ und $\overline{U}_{EO}$ und durch Differentiation. Dabei kann man die Temperaturabhängigkeit des Basisstromes vernachlässigen, da

$$\left(\frac{d\overline{I}_B}{dT}\right) \approx \frac{\overline{I}_B}{\overline{I}_C}\left(\frac{d\overline{I}_C}{dT}\right) \ll \left(\frac{d\overline{I}_C}{dT}\right) \tag{44.15}$$

gilt, und es folgt

$$\frac{\mathrm{d}\bar{I}_C}{\mathrm{d}T} = \left(\frac{\partial \bar{I}_C}{\partial T}\right)_{\bar{U}_{BE}} \left\{1 + R_E \left(\frac{\partial I_C}{\partial \bar{U}_{BE}}\right)_T\right\}^{-1}. \quad (44.16)$$

Man sieht, daß die Änderung des Kollektorstromes infolge der Temperatur um den in der geschweiften Klammer stehenden Faktor verringert wird. Dieser Faktor ist gleich Eins für $R_E = 0$ und nimmt zu mit wachsendem R_E. Allerdings wird auch die Verstärkung mit wachsendem R_E kleiner, so daß ein Kompromiß zu schließen ist, und man wählt im allgemeinen

$$R_E \bar{I}_C \approx (0{,}1 \cdots 0{,}2)\, \bar{U}_b. \quad (44.16a)$$

Andere Möglichkeiten zur Stabilisierung bieten Differenzverfahren, bei denen im Prinzip zwei gleiche Schaltungen aufgebaut werden, von denen aber nur eine die Signalspannung erhält (vgl. auch Abschn. 44.5.2.). Das verstärkte Signal wird durch die Differenz der beiden Ausgangsspannungen gebildet, wobei sich die Spannungsänderungen infolge der Temperaturschwankungen aufheben (sofern sie in den beiden Transistoren gleich sind).

Bei der *Hintereinanderschaltung* von Gleichspannungsverstärkern tritt unter anderem das Problem der Stromversorgung auf: In Abb. 44.6 dient der Widerstand R_L als Signalquellenwiderstand für die folgende Verstärkerstufe. Die untere Klemme von R_L ist aber um $+\overline{U}_b$ gegenüber der unteren Klemme der Signalquelle vorgespannt. Diese Spannung muß kompensiert werden, damit die richtige Einstellung des Arbeitspunktes bei der anschließenden Stufe möglich ist. Abb. 44.7 zeigt das Prinzipschaltbild. Wie man sich leicht überlegen kann, muß die Kompensationsspannung $\overline{U}_k$ kleiner als $\overline{U}_b$ sein. Sie kann mit einer ZENER-Diode (vgl. Abschn. 36.) erzeugt werden. Wenn man Transistoren mit unterschiedlicher Zonenfolge (npn- und pnp-Transistoren) im Wechsel verwendet, sind keine Kompensationsspannungen erforderlich. Mehrstufige Gleichspannungsverstärker können nur mit hinreichender Stabilität aufgebaut werden, wenn man das Prinzip der Gegenkopplung über mehrere Stufen anwendet (vgl. Abschn. 15.1., 44.5.). Zur Ver-

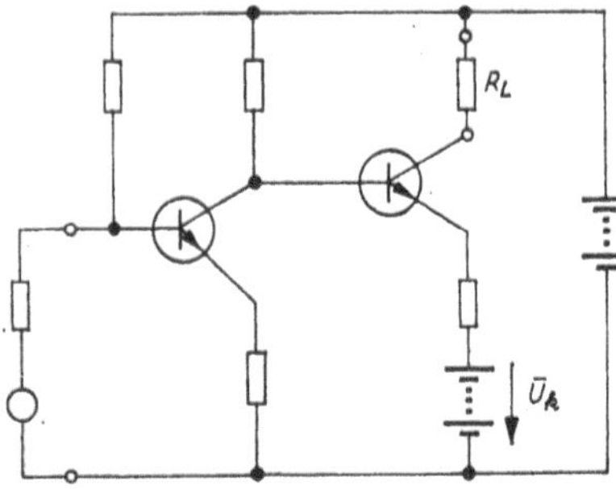

Abb. 44.7. Zweistufiger Gleichspannungsverstärker mit Kompensationsspannung $\overline{U}_k$

stärkung sehr kleiner Gleichspannungen wird meist das Signal am Eingang in eine Wechselspannung umgeformt, diese in *RC*-gekoppelten Stufen verstärkt und am Ausgang wieder gleichgerichtet (Zerhackerverstärker). Wegen Einzelheiten wird auf die Spezialliteratur verwiesen [P 1].

44.2. *Kleinsignalverstärker für Wechselspannungen*

44.2.1. *Die Emitterschaltung*

Die Prinzipschaltung ist in Abb. 44.8 dargestellt. Vorgegeben seien die Signalquelle ($U_S = \check{U}_S \cos \omega t$; R_S), die Batterie ($\overline{U}_b$) und der Widerstand des Verbrauchers (R_L). Die Signalspannung soll dabei so klein sein, daß der Basiswechselstrom direkt proportional zu U_S ist (Kleinsignalbedingung).

Die Wahl des Arbeitspunktes im $\bar{I}_C - \bar{U}_{CE}$-Kennlinienfeld (vgl. Abb. 44.3a) wird, unter Beachtung der vorgegebenen Grenzwerte, je nach Verwendung des Verstärkers durch verschiedene Bedingungen bestimmt:

1. Verstärker mit geringem Rauschen: Der Arbeitspunkt ist den Datenblättern des Herstellers zu entnehmen.

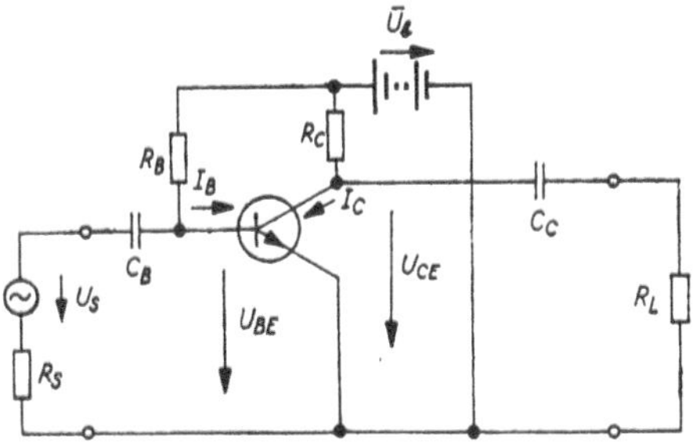

Abb. 44.8. Prinzipschaltbild eines Kleinsignalverstärkers für Wechselspannungen in Emitterschaltung

2. Verstärker mit maximaler Verstärkung: Der Widerstand R_c ist möglichst groß zu wählen (Einschränkung vgl. 3.).

3. Verstärker mit geringer Verzerrung: Der Arbeitspunkt ist so in das Kennlinienfeld zu legen, daß eine weitgehend symmetrische Aussteuerung erfolgen kann.

Die Einstellung des Arbeitspunktes geschieht durch geeignete Wahl der Widerstände R_C und R_B; denn es gilt nach Abb. 44.8

$$\bar{U}_b = R_C \bar{I}_C + \bar{U}_{CE}, \tag{44.17}$$

$$\bar{U}_b = R_B \bar{I}_B + \bar{U}_{BE}. \tag{44.18}$$

Die hierbei auftretenden Größen $\bar{I}_B$ und $\bar{U}_{BE}$ sind durch die entsprechende Kennlinie (vgl. Abb. 44.3b) miteinander verknüpft. Für die weiteren Betrachtungen sollen zunächst die Koppelkondensatoren (C_B und C_C) hinreichend groß vorausgesetzt werden, so daß man den Wechselspannungsabfall an ihnen vernachlässigen kann. Zur Berechnung der Kenngrößen des Verstärkers (Betriebseingangs- und Betriebsausgangswiderstand, Betriebsspannungs- und Betriebsstromverstärkung) können die im Abschnitt 43.1. angegebenen Gleichungen (Gln. (43.16) bis (43.22)) verwendet werden, wobei der Widerstand R_B wie im Abschnitt 44.1. (Gln. (44.7)) und der Widerstand R_C gemäß Abschnitt 43.1. (Gln. (43.14) mit $\underline{Z} = R_C$) durch modifizierte Vierpolparameter h'^+_{ik} berücksichtigt wird:

$$h'^+_{11} = \frac{h_{11}R_B}{h_{11} + R_B}, \quad h'^+_{12} = \frac{h_{12}R_B}{h_{11} + R_B},$$
$$h'^+_{21} = \frac{h_{21}R_B}{h_{11} + R_B}, \quad h'^+_{22} = h_{22} + \frac{1}{R_C} - \frac{h_{12}h_{21}}{h_{11} + R_B}. \tag{44.19}$$

Als untere bzw. obere Grenzfrequenz f_u bzw. f_o des Verstärkers wird wie üblich diejenige Signalfrequenz bezeichnet, bei der der Betrag der Betriebsspannungsverstärkung auf das $1/\sqrt{2}$-fache des Maximalwertes abgesunken ist. Für f_u sind die Kapazitäten C_B und C_C verantwortlich. Der Einfachheit halber soll C_C als sehr groß angenommen werden. Dann ergibt sich f_u durch die Beziehung

$$\frac{1}{2\pi f_u C_B} = R_s + R_i, \tag{44.20}$$

wobei R_i nach Gl. (43.17) unter Verwendung der h^+-Parameter (Gln. (44.7)) und der Gl. (44.19) einzusetzen ist.

Die obere Grenzfrequenz f_o des Verstärkers wird durch die Frequenzabhängigkeit der Stromverstärkung des Transistors (f_β, vgl. Gl. (43.26)) und durch schädliche Parallelkapazitäten der ohmschen Widerstände und des Transistors bestimmt.

Die Stabilisierung des Arbeitspunktes kann analog zu der entsprechenden Schaltung des Gleichspannungsverstärkers mit einem Emitterwiderstand R_E erfolgen. Um einen Wechselspannungsabfall über R_E zu vermeiden, der die Spannungsverstärkung reduzieren würde (vgl. Abschn. 44.5.), überbrückt man R_E mit einer Kapazität C_E hinreichender Größe (Abb. 44.9). Gleichstrommäßig, d. h. auch hinsichtlich der stabilisierenden Wirkung, ist diese Schaltung identisch mit der in Abb. 44.6, wenn dort $\bar{U}_S = 0$; $R_S = R_B'$; $R_L = R_C$ gesetzt wird. Demzufolge gelten die Rechnungen im Anschluß an die Gln. (44.8) bis (44.11) auch in dem vorliegenden Fall.

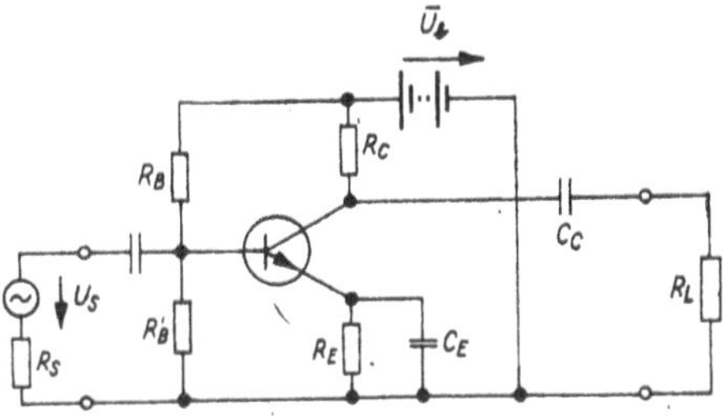

Abb. 44.9. Kleinsignalverstärker für Wechselspannungen in Emitterschaltung mit Arbeitspunktstabilisierung

Lediglich die Größe von R'_B (die als R_S beim Gleichspannungsverstärker vorgegeben war) muß hier noch festgelegt werden. In der Praxis wählt man R'_B und R_B so, daß der Strom durch diese Widerstände mindestens fünf- bis zehnmal größer ist als der Basisstrom $\bar{I}_B$.

Als Beispiel für einen zweistufigen Kleinsignalverstärker in Emitterschaltung soll die in Abb. 44.10 dargestellte Schaltung berechnet werden. Die h-Parameter der verwendeten Transistoren seien (für $\bar{U}_{CE} = 5$ V; $\bar{I}_C = 1$ mA); $\bar{I}_B = 5\,\mu$A; $U_{BE} = 0{,}6$ V bei 25°C):

$$h_{11E} = 10^4\,\Omega;\; h_{12E} = 2 \cdot 10^{-4}, \qquad h_{21E} = 300;\; h_{22E} = 17 \cdot 10^{-6}\,\Omega^{-1}. \tag{44.21}$$

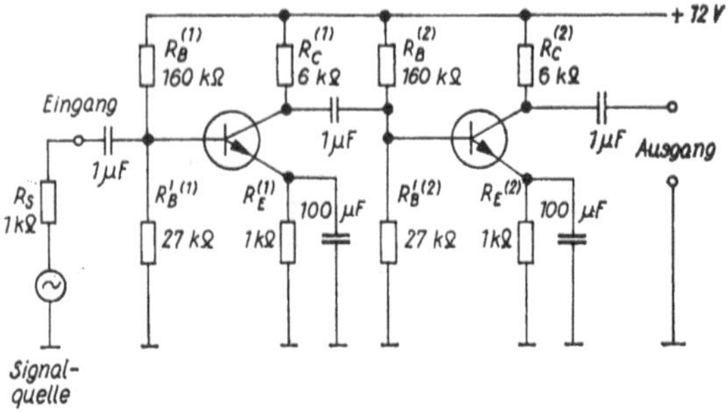

Abb. 44.10. Zweistufiger Kleinsignalverstärker in Emitterschaltung

Demzufolge gilt für die Hilfsgröße H nach Gl. (43.16)

$$H = \frac{2 \cdot 10^{-4} \cdot 300}{10^4 \cdot 17 \cdot 10^{-6}} \approx 0{,}35. \qquad (44.22)$$

Für die zweite Stufe ergibt sich nach Gl. (43.16)

$$L^{(2)} = \frac{6 \cdot 10^3 \cdot 17 \cdot 10^{-6}}{6 \cdot 10^3 \cdot 17 \cdot 10^{-6} + 1} \approx 0{,}093, \qquad (44.23)$$

und damit folgt nach den Gln. (43.17) bis (43.20)

$$R_i^{(2)} \approx 10^4 \,(1 - 0{,}35 \cdot 0{,}093) \approx 9700\,\Omega,$$

$$R_0^{(2)} \approx \{17 \cdot 10^{-6}\,(1 - 0{,}35 \cdot S^{(2)})\}^{-1}, \qquad (44.24)$$

$$V_I^{(2)} \approx 300\,(1 - 0{,}093) \approx 270,$$

$$V_U^{(2)} \approx \frac{-1}{2 \cdot 10^{-4}} \, \frac{0{,}35 \cdot 0{,}093}{1 - 0{,}35 \cdot 0{,}093} \approx -170.$$

$R_0^{(2)}$ kann numerisch erst dann bestimmt werden, wenn die erste Stufe durchgerechnet ist, da in $S^{(2)}$ die Größe $R_S^{(2)}$ eingeht. Für $L^{(1)}$ wird der Lastwiderstand $R_L^{(1)}$

benötigt. Aus Abb. 44.10 folgt

$$\frac{1}{R_L^{(1)}} = \frac{1}{R_C^{(1)}} + \frac{1}{R_B^{(2)}} + \frac{1}{R_B'^{(2)}} + \frac{1}{R_i^{(2)}}$$

$$\approx 10^{-3}\left(\frac{1}{6} + \frac{1}{160} + \frac{1}{27} + \frac{1}{9{,}7}\right)\Omega^{-1} \tag{44.25}$$

oder

$$R_L^{(1)} \approx 3200\,\Omega$$

und damit ergibt sich nach Gl. (43.16)

$$L^{(1)} \approx \frac{3{,}2\cdot 10^3 \cdot 17 \cdot 10^{-6}}{3{,}2\cdot 10^3\cdot 17\cdot 10^{-6} + 1} \approx 0{,}052. \tag{44.26}$$

Für $S^{(1)}$ wird der Widerstand $R_S^{(1)}$ benötigt.
Aus Abb. 44.10 folgt

$$\frac{1}{R_S^{(1)}} = \frac{1}{R_S} + \frac{1}{R_B^{(1)}} + \frac{1}{R_B'^{(1)}}$$

$$\approx 10^{-3}\left(1 + \frac{1}{160} + \frac{1}{27}\right)\Omega^{-1} \tag{44.27}$$

oder

$$R_S^{(1)} \approx 960\,\Omega,$$

und damit ergibt sich nach Gl. (43.16)

$$S^{(1)} \approx \frac{10^4}{10^4 + 960} \approx 0{,}91. \tag{44.28}$$

Die Anwendung der Gln. (43.17) bis (43.20) liefert

$$R_i^{(1)} \approx 10^4\,(1 - 0{,}35\cdot 0{,}052) \approx 9800\,\Omega,$$

$$R_0^{(1)} \approx \{17\cdot 10^{-6}\,(1 - 0{,}35\cdot 0{,}91)\}^{-1} \approx 86000\,\Omega,$$

$$V_I^{(1)} \approx 300\,(1 - 0{,}052) \approx 280, \tag{44.29}$$

$$V_U^{(1)} \approx -\frac{1}{2\cdot 10^{-4}}\cdot\frac{0{,}35\cdot 0{,}052}{1 - 0{,}35\cdot 0{,}052} \approx -93.$$

Damit kann der Widerstand $R_S^{(2)}$ berechnet werden, für den nach Abb. 44.10

$$\frac{1}{R_S^{(1)}} = \frac{1}{R_B^{(2)}} + \frac{1}{R_B'^{(2)}} + \frac{1}{R_C^{(1)}} + \frac{1}{R_0^{(1)}}$$

$$\approx 10^{-3}\left(\frac{1}{160} + \frac{1}{27} + \frac{1}{6} + \frac{1}{87}\right)\Omega^{-1} \qquad (44.30)$$

oder

$$R_S^{(2)} \approx 4500\,\Omega$$

gilt, und man erhält für $S^{(2)}$ nach Gl. (43.16)

$$S^{(2)} \approx \frac{10^4}{10^4 + 4509} \approx 0{,}69 \qquad (44.31)$$

und für $R_0^{(2)}$ nach Gl. (44.24)

$$R_0^{(2)} \approx \{17 \cdot 10^{-6}\,(1 - 0{,}35 \cdot 0{,}69)\}^{-1} \approx 78000\,\Omega\,. \qquad (44.32)$$

Der zweistufige Verstärker von Abb. 44.10 besitzt demnach folgende Kenngrößen:

Eingangswiderstand

$$R_i^{(v)} = \left\{\frac{1}{R_i^{(1)}} + \frac{1}{R_B^{(1)}} + \frac{1}{R_B'^{(1)}}\right\}^{-1} \approx 6900\,\Omega \qquad (44.33)$$

Ausgangswiderstand

$$R_0^{(v)} = \left\{\frac{1}{R_0^{(2)}} + \frac{1}{R_C^{(2)}}\right\}^{-1} \approx 5500\,\Omega \qquad (44.34)$$

Spannungsverstärkung

$$V_U^{(v)} = V_U^{(1)} \cdot V_U^{(2)} \approx 16000\,. \qquad (44.35)$$

Die Stromverstärkung folgt nicht einfach durch Multiplikation von $V_I^{(1)}$ und $V_I^{(2)}$, da diese Größen jeweils den Quotienten von Kollektor- und Basiswechselstrom darstellen. Für das Verhältnis aus dem Kollektorwechselstrom des zweiten Transistors und dem Wechselstrom am Eingang folgt

$$V_I^{(v)} = \frac{U_{eing} V_U^{(v)}/R_C^{(2)}}{U_{eing}/R_i^{(v)}} = V_U^{(v)} \frac{R_i^{(v)}}{R_C^{(2)}} \approx 18000. \tag{44.36}$$

44.2.2. Die Basisschaltung

Die Prinzipschaltung ist in Abb. 44.11 dargestellt.

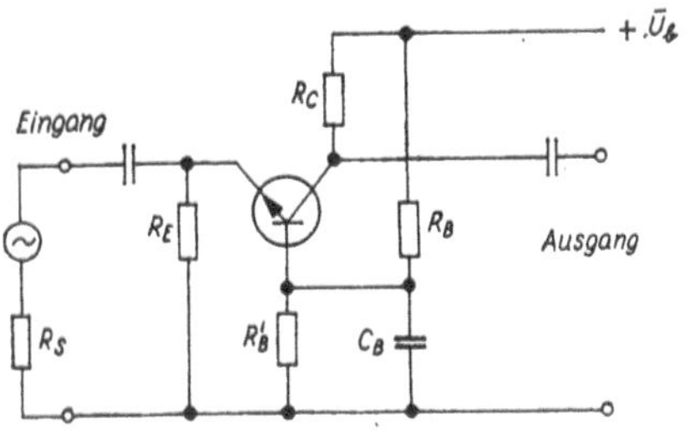

Abb. 44.11. Kleinsignalverstärker für Wechselspannungen in Basisschaltung mit Arbeitspunktstabilisierung

Die Gleichspannungsverhältnisse sind völlig analog zu dem im Abschn. 44.2.1. behandelten Verstärker in Emitterschaltung (Abb. 44.9). Die Kondensatoren werden wieder als hinreichend groß vorausgesetzt. Für die Hilfsgrößen (Gl. (43.16)) gilt hier:

$$H = \frac{h_{12B} h_{21B}}{h_{11B} h_{22B}},$$

$$L = \frac{R_C h_{22B}}{R_C h_{22B} + 1}, \tag{44.37}$$

$$S = \frac{h_{11B}}{h_{11B} + \left(\frac{1}{R_S} + \frac{1}{R_E}\right)^{-1}}.$$

Die Kenngrößen des Verstärkers berechnen sich unter Verwendung der Gln. (43.17) bis (43.20) zu

$$R_i^{(v)} = \left\{\frac{1}{R_E} + \frac{1}{R_i}\right\}^{-1}, \tag{44.38}$$

$$R_0^{(v)} = \left\{\frac{1}{R_C} + \frac{1}{R_0}\right\}^{-1}, \tag{44.39}$$

$$V_I^{(v)} = V_I \frac{R_i^{-1}}{R_E^{-1} + R_i^{-1}}, \tag{44.40}$$

$$V_U^{(v)} = V_U. \tag{44.41}$$

Ein Vergleich mit den Ergebnissen für die Emitterschaltung zeigt folgende Unterschiede:

1. Eingangs- und Ausgangsspannung sind gleichphasig,
2. sehr kleine Eingangswiderstände ($R_i \approx h_{11E}/h_{21E}$),
3. sehr große Ausgangswiderstände ($R_0 \approx h_{21E}/h_{22E}$),
4. eine Stromverstärkung in der Nähe von, aber stets kleiner als Eins,
5. eine hohe Grenzfrequenz (ω_α, vgl. Gl. (43.27)ff.).

Mit diesen Eigenschaften ist die Basisschaltung in erster Linie nur für Signalquellen mit geringem Innenwiderstand und für hohe Frequenzen geeignet.

44.2.3. Die Kollektorschaltung

Abb. 44.12 zeigt das Prinzipschaltbild.

Die Gleichspannungsverhältnisse sind analog wie bei dem im Abschn. 44.2.1. behandelten Verstärker in Emitterschaltung (Abb. 44.9), wenn man $R_C = 0$ wählt. Die Kondensatoren werden auch hier wieder als hinreichend groß angenommen. Für die Hilfsgrößen (Gl.

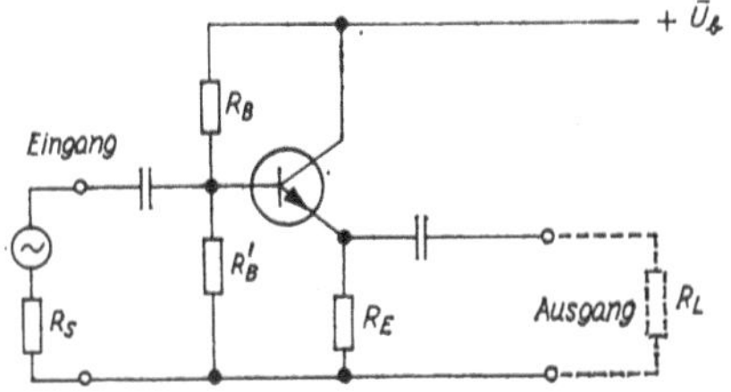

Abb. 44.12. Kleinsignalverstärker für Wechselspannungen in Kollektorschaltung („Emitterfolger") mit Arbeitspunktstabilisierung

(43.16)) gilt:

$$H = \frac{h_{12C} h_{21C}}{h_{11C} h_{22C}},$$

$$L = \frac{R_E h_{22C}}{R_E h_{22C} + 1}, \tag{44.42}$$

$$S = \frac{h_{11C}}{h_{11C} + \left(\frac{1}{R_S} + \frac{1}{R_B} + \frac{1}{R_B'}\right)^{-1}}.$$

Die Kenngrößen des Verstärkers berechnen sich unter Verwendung der Gln. (43.17) bis (43.20) zu

$$R_i^{(v)} = \left\{\frac{1}{R_B} + \frac{1}{R_B'} + \frac{1}{R_i}\right\}^{-1}, \tag{44.43}$$

$$R_0^{(v)} = \left\{\frac{1}{R_E} + \frac{1}{R_0}\right\}^{-1}, \tag{44.44}$$

$$V_I^{(v)} = V_I \frac{R_i^{-1}}{R_i^{-1} + R_B'^{-1} + R_B^{-1}}, \tag{44.45}$$

$$V_U^{(v)} = V_U. \tag{44.46}$$

Ein Vergleich mit den Ergebnissen für die Emitterschaltung ergibt hier folgende Unterschiede:

1. Eingangs- und Ausgangsspannung sind gleichphasig,
2. sehr große Eingangswiderstände ($R_i \approx h_{21E} R_E$),
3. sehr kleine Ausgangswiderstände ($R_0 \approx h_{11E}/h_{21E}$),
4. eine Spannungsverstärkung in der Nähe von, aber stets kleiner als Eins.

Mit diesen Eigenschaften ist die Kollektorschaltung, die auch oft als Emitterfolger bezeichnet wird, nur zur Anpassung von Signalquellen mit hohem Innenwiderstand an niederohmige Verbraucher geeignet.

44.3. Großsignalverstärker für Wechselspannungen

Für Nutzleistungen bis zu einigen Hundert Watt und Frequenzen unterhalb ca. 1 MHz verwendet man in Großsignalverstärkern vorteilhaft Transistoren. Hinsichtlich der Arbeitsweise unterscheidet man wie bei Röhren (vgl. Abschn. 18.) A-, B- und C-Betrieb. Der maximale Wirkungsgrad η ergibt sich auch hier beim A-Betrieb zu 0,5 und erreicht im Grenzfall den Wert 1 beim C-Betrieb. Allerdings wachsen die Verzerrungen beim C-Betrieb so stark an, daß man für breitbandige Verstärkungen nur im A- oder Gegentakt-B-Betrieb arbeitet. Die am Transistor aufgewendete Gleichstromleistung P setzt sich zusammen aus der abgegebenen Wechselstromleistung P_1 und der Kollektorverlustleistung P_v, die im Transistor in Wärme umgesetzt wird:

$$P = P_1 + P_v . \tag{44.47}$$

Für den Wirkungsgrad η gilt also

$$\eta = \frac{P_1}{P}, \tag{44.48}$$

und es folgt für die Wechselstromleistung

$$P_1 = P_v \frac{\eta}{1 - \eta}. \tag{44.49}$$

Hohe Ausgangsleistungen verlangen also Transistoren mit einer hohen zulässigen Kollektorverlustleistung P_v.

Diese Größe hängt ab von der Art des Transistors, der Umgebungstemperatur ϑ_a und der Kühlung. Eigentlicher Grenzwert ist die maximale Sperrschichttemperatur ϑ_{jmax} des Transistors (75 bis 90 °C bei Germanium und 150 bis 200 °C bei Silizium), da darüber Eigenleitung und damit Zerstörung des Transistors auftritt. Bei Kleinsignalverstärkerstufen werden so kleine Verlustleistungen umgesetzt, daß praktisch

$$\vartheta_j = \vartheta_a \tag{44.50}$$

gilt. Bei größeren Verlustleistungen dagegen besteht folgende Beziehung:

$$\vartheta_j = \vartheta_a + R_{th} P_v, \tag{44.51}$$

wobei R_{th} als Wärmewiderstand bezeichnet wird. Damit folgt für die maximal zulässige Kollektorverlustleistung

$$P_{vmax} = \frac{\vartheta_{jmax} - \vartheta_a}{R_{th}}, \tag{44.52}$$

und man sieht, daß R_{th} möglichst klein sein soll. R_{th} setzt sich zusammen aus dem inneren Wärmewiderstand R_{thi} (Sperrschicht — Gehäuse) und dem äußeren Wärmewiderstand R_{tha} (Gehäuse — Umgebung):

$$R_{th} = R_{thi} + R_{tha}. \tag{44.53}$$

Während R_{thi} den Datenblättern des Transistorherstellers entnommen werden kann (typische Werte für Leistungstransistoren sind 0,5 bis 5 K/W), muß R_{tha} aus der Geometrie und der Beschaffenheit der Kühlflächen berechnet werden. In der Praxis wird oft die Faustformel

$$R_{tha} \approx C \frac{650}{A} \,[\mathrm{K/W}] \tag{44.54}$$

verwendet, wobei A die Kühlfläche in cm^2 und C eine Konstante bezeichnet (für horizontale glatte Flächen gilt $C = 1$, für horizontale geschwärzte Flächen $C = 0{,}5$ und bei vertikaler Anordnung ist C um ca. 15% geringer).

Abb. 44.13 zeigt die Schaltung eines *Eintakt-A*-Verstärkers.

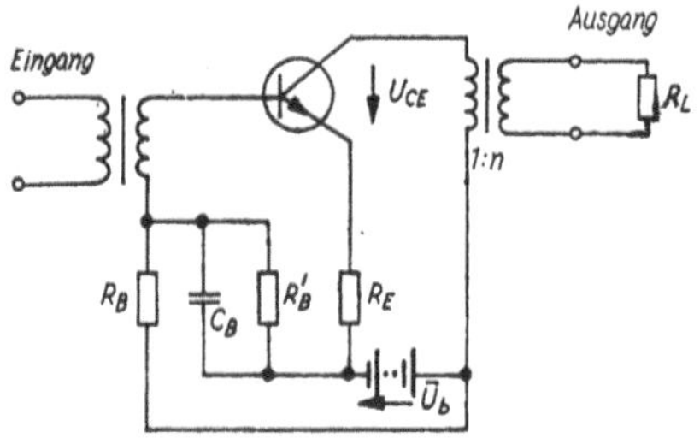

Abb. 44.13. Eintakt-A-Großsignalverstärker

Der Lastwiderstand R_L wird wegen des schädlichen Gleichspannungsabfalls nicht galvanisch angekoppelt. Der Transformator habe das Übersetzungsverhältnis $1 : n$, und die Gleichstromwiderstände der Primär- bzw. Sekundärwicklung seien R_p bzw. R_s. Bei vorgegebener Batteriespannung $\overline{U}_b$ ergibt sich der Arbeitspunkt A (vgl. Abb. 44.14) aus den Beziehungen

$$\overline{I}_C \overline{U}_{CE} = P_{v\max}, \tag{44.55}$$

$$\overline{U}_b = R_p \overline{I}_C + \overline{U}_{CE} + R_E \overline{I}_C \tag{44.56}$$

und der Bedingung $R_E \bar{I}_C \approx 0{,}2\,\bar{U}_b$ (vgl. Gl. (44.16a)); denn eine kleine Zwischenrechnung liefert durch Auflösung nach $\bar{U}_{CE}$ und $\bar{I}_C$

$$\bar{U}_{CE} \approx 0{,}4\,\bar{U}_b + \sqrt{(0{,}4\,\bar{U}_b)^2 - R_p P_{v\max}}\,, \quad (44.57)$$

$$\bar{I}_C = P_{v\max} \bar{U}_{CE}^{-1}. \quad (44.58)$$

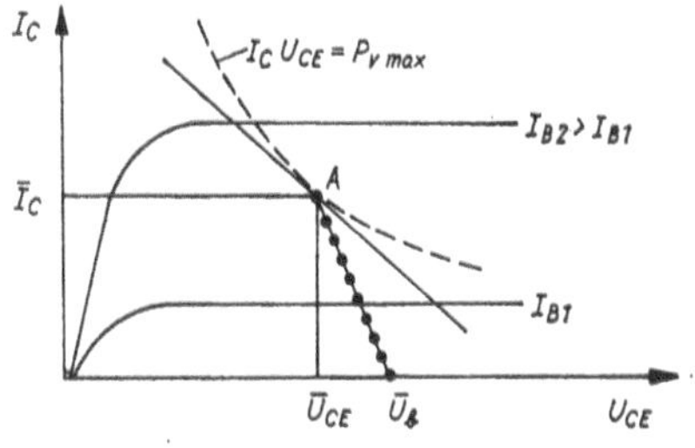

Abb. 44.14. Lage des Arbeitspunktes bei der Schaltung von Abb. 44.13. Die gepunktete Gerade entspricht dem Widerstand $R_p + R_E$, die ausgezogene Gerade dem Widerstand $(R_L + R_s) \cdot n^{-2} + R_p + R_E$

Das Wechselstromverhalten bestimmt der effektive Arbeitswiderstand

$$R_{\text{eff}} = \frac{R_L + R_s}{n^2} + R_p + R_E.$$

Durch Wahl des Übersetzungsverhältnisses n wird dieser Widerstand so eingestellt, daß der Aussteuerbereich im Kennlinienfeld symmetrisch zu A liegt. Die Grenzen der Aussteuerung werden gegeben durch

$$\begin{aligned} U_{CE} &< U_{CE\max}\,, \\ I_C &< I_{C\max}\,, \qquad (44.59) \\ U_{CE} &> U_{CE\text{rest}} \approx 0{,}1 \cdots 1\ \text{V}. \end{aligned}$$

Damit gilt bei Vollaussteuerung und hinreichend großem U_{CEmax} für die Scheitelwerte

$$\check{I}_{\mathrm{C}} = \bar{I}_{\mathrm{C}},$$

$$\check{U}_{\mathrm{CE}} = \bar{U}_{\mathrm{CE}} - U_{\mathrm{CErest}}. \tag{44.60}$$

Daraus folgt die Ausgangsleistung

$$P_1 = {}^1/_2 \check{I}_{\mathrm{C}} \check{U}_{\mathrm{CE}} = {}^1/_2 (\bar{U}_{\mathrm{CE}} - U_{\mathrm{CErest}}) \bar{I}_{\mathrm{C}}, \tag{44.61}$$

und für das Übersetzungsverhältnis n des Transformators ergibt sich aus der Bedingung

$$\frac{\check{U}_{\mathrm{CE}}}{\check{I}_{\mathrm{C}}} = \frac{R_{\mathrm{L}} + R_{\mathrm{s}}}{n^2} + R_{\mathrm{p}} + R_{\mathrm{E}} \tag{44.62}$$

der Wert

$$n = \sqrt{(R_{\mathrm{L}} + R_{\mathrm{s}}) \left(\frac{\check{U}_{\mathrm{CE}}}{\check{I}_{\mathrm{C}}} - R_{\mathrm{p}} - R_{\mathrm{E}} \right)^{-1}}. \tag{44.63}$$

Die am Transistor aufgewendete Gleichstromleistung P berechnet sich als Produkt von $\bar{I}_{\mathrm{C}}$ und $\bar{U}_{\mathrm{CE}}$, so daß für den Wirkungsgrad η gemäß Gl. (44.48) und Gl. (44.61) folgt:

$$\eta = \frac{\check{I}_{\mathrm{C}} \check{U}_{\mathrm{CE}}}{2 \bar{I}_{\mathrm{C}} \bar{U}_{\mathrm{CE}}}. \tag{44.65}$$

Der Maximalwert $\eta = 0{,}5$ wird im Idealfall ($U_{\mathrm{CErest}} = 0$) erreicht. Aus Gl. (44.47) erkennt man, daß dann

$$P_{1\max} = P_{\mathrm{v}} \tag{44.66}$$

gilt. Für geringere Aussteuerungen geht P_1 nach Null, und da P konstant bleibt, wächst P_{v} bis auf $2P_{1\max}$ an. Dies bedeutet, daß für eine bestimmte Wechselstromleistung ($P_{1\max}$) ein Transistortyp mit mindestens der doppelten Verlustleistung ausgewählt werden muß.

Nichtlineare Verzerrungen (Oberwellen) treten bei dieser Schaltung im wesentlichen infolge der Nichtlinearität der Eingangskennlinie (vgl. Abb. 43.9, unten) auf. Die Größe der Verzerrung hängt ab vom Innenwiderstand R_s der Signalquelle:
Abb. 44.15 zeigt die Zusammenschaltung einer Signalquelle mit einer dem Transistoreingang entsprechenden (vorgespannten) Diode. Die Diodenkennlinie sei gegeben durch

$$I = f(U). \qquad (44.67)$$

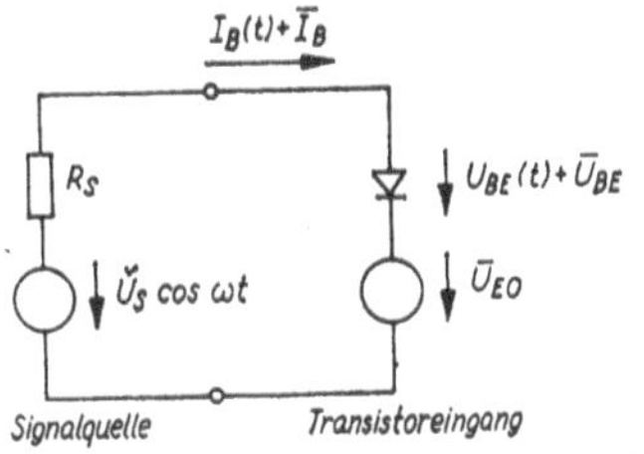

Abb. 44.15. Zur Erläuterung von Strom- und Spannungssteuerung. $\bar{U}_{E_0}$ bezeichnet die Vorspannung der Diode

Dann folgt mit

$$\check{U}_s \cos \omega t = I_B(t)\, R_s + U_{BE}(t), \qquad (44.68)$$

$$-\bar{U}_{E0} = \bar{I}_B R_s + \bar{U}_{BE} \qquad (44.69)$$

für den sog. Grenzfall der *Strom*steuerung $\left(I_B(t)\, R_s \gg U_{BE}(t)\right)$ aus Gl. (44.68)

$$I_B(t) = \frac{\check{U}_s \cos \omega t}{R_s} \qquad (44.70)$$

und für den Grenzfall der *Spannungs*steuerung $\left(I_B(t)\, R_s \ll U_{BE}(t)\right)$ aus den Gln. (44.68) und (44.67)

$$I_B(t) = f(\bar{U}_{BE} + \check{U}_s \cos \omega t) - \bar{I}_B. \qquad (44.71)$$

Im erstgenannten Grenzfall ist $I_B(t)$ unverzerrt, während bei der Spannungssteuerung starke Oberwellen auftreten. Für beliebige Werte von R_s ergeben sich Verzerrungen zwischen diesen beiden Grenzfällen.

Auch die Abnahme der Stromverstärkung mit anwachsendem Kollektorstrom (vgl. Abb. 43.9, Mitte) führt zu Verzerrungen, die allerdings bei modernen Transistoren nur eine geringe Rolle spielen.

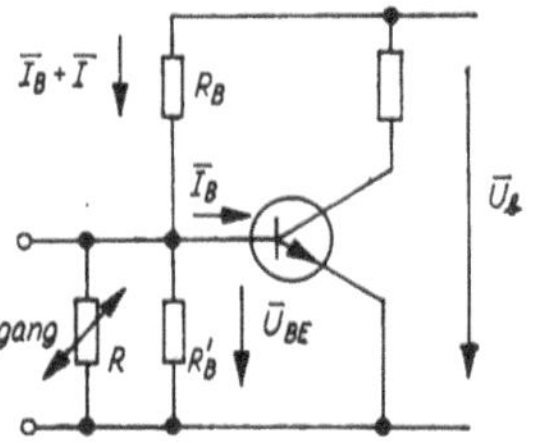

Abb. 44.16. Temperaturstabilisierung durch Verwendung eines Thermistors (R)

Wegen der hohen Ströme darf der Stabilisierungswiderstand R_E nicht zu groß gewählt werden, wodurch die Stabilisierungswirkung nur gering ist (vgl. Abschn. 44.1.). Durch einen temperaturabhängigen Basisspannungsteiler (indem für R_B' ein Thermistor eingesetzt wird) kann man diese Schwierigkeit umgehen. Bei anwachsender Temperatur verringert sich das Spannungsteilerverhältnis, die Basis-Emitterspannung nimmt ab, und der ungewollten Erhöhung des Kollektorstromes wird entgegen gewirkt. Die technisch angebotenen Thermistoren besitzen allerdings meist einen zu großen Temperaturkoeffizienten. Deshalb verwendet man gemäß Abb. 44.16 die Parallelschaltung von Thermistor und ohmschem Widerstand (R_E wurde hierbei vernachlässigt):

Gegeben sei die Batteriespannung $\bar{U}_b$, der Arbeitspunkt des Transistors bei 25 °C ($\bar{U}_{BE}$, $\bar{I}_B$), der Widerstand des Thermistors R bei der gleichen Temperatur und sein Temperaturkoeffizient α. Der Widerstand R soll hinreichend klein sein, damit der Querstrom $(\bar{I}_B + \bar{I})$ groß gegen $\bar{I}_B$ wird, aber nicht so klein, daß die Signalquelle eine zu hohe Belastung erfährt. Gesucht sind R_B und R_B'.

Nach Abb. 44.16 gilt

$$\bar{U}_b = \bar{U}_{BE} + (\bar{I}_B + \bar{I})\, R_B\,, \qquad \bar{U}_{BE} = \bar{I}\, \frac{R R_B'}{R + R_B'}. \tag{44.72}$$

Mit der Definitionsgleichung von α

$$\Delta R = -R\alpha\Delta T, \tag{44.73}$$

wobei $\alpha > 0$ gilt, und der Kompensationsbedingung (vgl. Abb. 44.5 und den zugehörigen Text)

$$\Delta\bar{U}_{BE} = -2{,}4 \cdot 10^{-3}\, \Delta T\ [\mathrm{V}] \tag{44.74}$$

ergeben sich nach einer kleinen Zwischenrechnung die gewünschten Beziehungen

$$R_B' = R\,\{420\, \alpha \bar{U}_{BE} - 1 - R/R_B\}^{-1}, \qquad R_B = \bar{U}_b \left\{\bar{I}_B + \bar{U}_{BE}^2\, 420\, \frac{\alpha}{R}\right\}^{-1}. \tag{44.75}$$

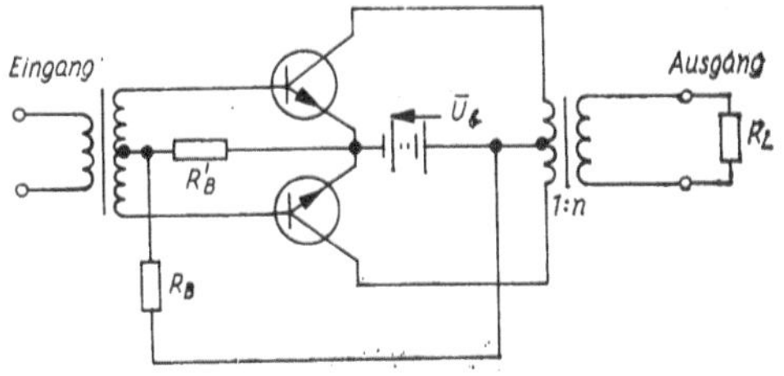

Abb. 44.17. Gegentakt-B-Großsignalverstärker

Die Schaltung eines Gegentakt-B-Verstärkers zeigt Abb. 44.17. Damit der B-Betrieb realisiert wird, muß $R_B' \ll R_B$ gelten.

Die Lage des Arbeitspunktes erkennt man aus Abb. 44.18. Während der negativen Halbwelle der Basisspannung ist der Transistor gesperrt, während der positiven Halbwelle wird längs der Widerstandsgeraden aus-

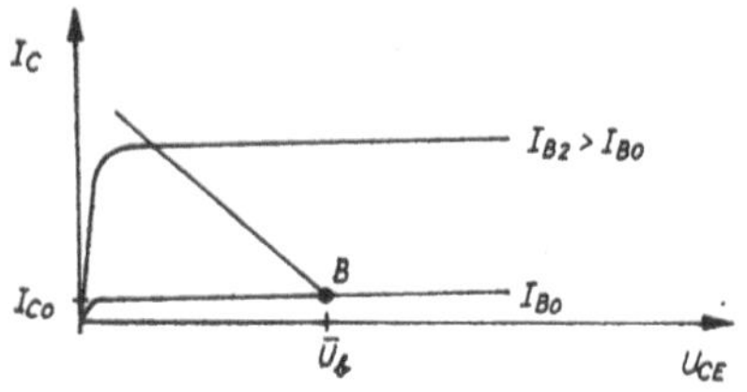

Abb. 44.18. Lage des Arbeitspunktes der einzelnen Transistoren von Abb. 44.17. Die Steigung der Geraden entspricht dem Widerstand von Gl. (44.79)

gesteuert. Diese darf die Verlustleistungshyperbel (P_{vmax}, vgl. Abb. 44.14) schneiden, da beim B-Verstärker während der anderen Halbwelle fast kein Strom fließt. Die Widerstandsgerade ergibt sich aus einer Diskussion der zulässigen Werte während der Aussteuerung:

1. $U_{CE} < U_{CEmax}$ (U_{CEmax} vgl. Datenblatt), wobei zu beachten ist, daß der größte Wert von U_{CE} nicht etwa $\overline{U}_b$ ist, sondern die Summe aus $\overline{U}_b$ und dem Scheitelwert der Wechselspannung $\check{U}_{CE}$; denn während der Sperrphase wird vom anderen Transistor im Ausgangstransformator eine Spannung induziert, die sich zu $\overline{U}_b$ addiert.
2. $I_C < I_{Cmax}$ (I_{Cmax} vgl. Datenblatt).
3. $U_{CE} > U_{CErest}$ mit $U_{CErest} \approx 0{,}1 \cdots 1$ V.
4. $I_C > I_{C0}$, wobei I_{C0} möglichst klein sein soll, aber wegen der Nichtlinearitäten der Transistorkennlinie zu ungefähr 1 bis 2% des maximalen Kollektorstromes (I_{Cmax}) gewählt wird.

Als ersten Schritt wird man die Lage von B bestimmen: Man prüft, ob $\overline{U}_b$ kleiner oder gleich 0,5 U_{CEmax} ist

(Bedingung 1) und setzt gegebenenfalls die Batteriespannung herab. Der Kollektorstrom in Punkt B (I_{Co}) muß nach der Bedingung 4 zu etwa 0,01 bis 0,02 I_{Cmax} gewählt werden.

Als zweiten Schritt legt man die Lage des oberen Aussteuerungspunktes fest:

$$U_{\mathrm{CEoben}} = U_{\mathrm{CErest}} \approx 0{,}1\cdots 1\ \mathrm{V},$$

$$I_{\mathrm{Coben}} = \mathrm{Min}\,\{I_{\mathrm{Cmax}},\ 10\ P_{\mathrm{vmax}}/\overline{U}_{\mathrm{b}}\},$$

wobei die Begründung für den Term 10 $P_{\mathrm{vmax}}/\overline{U}_{\mathrm{b}}$ später noch gegeben wird (Gl. (44.85)).

Damit folgt also für die Scheitelwerte

$$\check{U}_{\mathrm{CE}} = \overline{U}_{\mathrm{b}} - U_{\mathrm{CErest}}, \tag{44.76}$$

$$\check{I}_{\mathrm{C}} = I_{\mathrm{Coben}} - I_{\mathrm{Co}}, \tag{44.77}$$

und wir erhalten als Ausgangsleistung (beider Transistoren)

$$P_1 = \frac{1}{2}\,\check{I}_{\mathrm{C}}\check{U}_{\mathrm{CE}} = \frac{1}{2}\,(I_{\mathrm{Coben}} - I_{\mathrm{Co}})\,(\overline{U}_{\mathrm{b}} - U_{\mathrm{CErest}}). \tag{44.78}$$

Nennen wir R_{p} bzw. R_{s} die ohmschen Widerstände der Primär- bzw. Sekundärwicklung des Transformators (Abb. 44.17), so ergibt sich für den Wechselstromwiderstand

$$\frac{\check{U}_{\mathrm{CE}}}{\check{I}_{\mathrm{C}}} = \frac{R_{\mathrm{p}}}{2} + \frac{R_{\mathrm{s}} + R_{\mathrm{L}}}{(2n)^2}, \tag{44.79}$$

woraus für n die Beziehung

$$n = \frac{1}{2}\sqrt{(R_{\mathrm{s}} + R_{\mathrm{L}})\left(\frac{\check{U}_{\mathrm{CE}}}{\check{I}_{\mathrm{C}}} - \frac{R_{\mathrm{p}}}{2}\right)^{-1}} \tag{44.80}$$

folgt.

Die Leistung, die von der Batterie für *einen* Transistor aufzubringen ist $(P/2)$, berechnet sich näherungsweise zu

$$\frac{1}{2\pi} \overline{U}_b \int_0^\pi (I_{Co} + \check{I}_C \sin \omega t) \, d\,\omega t ,$$

wobei der Strom in der Halbperiode π bis 2π vernachlässigt wurde. Die Integration liefert

$$\frac{1}{2} \overline{U}_b I_{Co} + \frac{1}{\pi} \overline{U}_b \check{I}_C \approx \frac{1}{\pi} \overline{U}_b \check{I}_C .$$

Damit ergibt sich für den Wirkungsgrad der Gegentaktstufe

$$\eta = \frac{P_1}{P} = \frac{\frac{1}{2} \check{I}_C \check{U}_{CE}}{2 \frac{1}{\pi} \overline{U}_b \check{I}_C} = \frac{\pi \check{U}_{CE}}{4 \overline{U}_b} \approx \frac{\pi}{4} \approx 0{,}78 . \qquad (44.81)$$

(vgl. Gln. (44.78) und (44.76)). Die Verlustleistung für *einen* Transistor wird demnach

$$P_v = \frac{1}{2} (P - P_1) = \frac{1}{\pi} \overline{U}_b \check{I}_C - \frac{1}{4} \check{I}_C \check{U}_{CE}$$

$$\approx \overline{U}_b \check{I}_C \left(\frac{1}{\pi} - \frac{1}{4} \right) \approx 0{,}07 \, \overline{U}_b \check{I}_C . \qquad (44.82)$$

Wenn die Transistoren nicht voll ausgesteuert werden (Aussteuerungsgrad $m = \check{I}_C^{(m)} / \check{I}_C = \check{U}_{CE}^{(m)} / \check{U}_{CE}$), ist der Wirkungsgrad kleiner als $\pi/4$, und für P_v ergibt sich

$$P_v^{(m)} = \frac{1}{\pi} \overline{U}_b m \check{I}_C - \frac{1}{4} m \check{I}_C \cdot m \check{U}_{CE} . \qquad (44.83)$$

Das Maximum von $P_v^{(m)}$ erhält man durch Nullsetzen der Ableitung von $P_v^{(m)}$ nach m. Es ergibt sich an der Stelle

$$m = \frac{2}{\pi} \frac{\overline{U}_b}{\check{U}_{CE}} \approx \frac{2}{\pi} \tag{44.84}$$

zu

$$P_{vmax} = \frac{2}{\pi^2} \overline{U}_b \check{I}_C - \frac{1}{\pi^2} \check{U}_{CE} \check{I}_C$$

$$\approx \frac{1}{\pi^2} \overline{U}_b \check{I}_C \approx 0{,}1\, \overline{U}_b \check{I}_C . \tag{44.85}$$

Daraus folgt für die notwendige Verlustleistung, die ein Transistor besitzen muß, wenn die Gegentaktstufe die Leistung P_1 abgeben soll,

$$P_{vmax} \geqq \frac{1}{\pi^2} \overline{U}_b \check{I}_C \approx \frac{1}{\pi^2} \check{U}_{CE} \check{I}_C$$

$$= \frac{2}{\pi^2} P_1 \approx 0{,}2\, P_1 . \tag{44.86}$$

Wenn ein Gegentakt-B-Großsignalverstärker z. B. 6 W abgeben soll, dann müssen demnach Transistoren mit einer Verlustleistung von mindestens 1,2 W verwendet werden.

Die hier beschriebene Festlegung des Arbeitspunktes B bestimmt nicht eindeutig die Größe der Widerstände R_B und R_B' (vgl. Abb. 44.17). Die Faustformel für den Kleinsignalverstärker, wonach der Querstrom etwa fünf- bis zehnmal größer sein soll als der Basisstrom (Abschn. 44.2.1.), ist hier nicht anwendbar. R_B' soll vielmehr möglichst klein gewählt werden, damit die Eingangsleistung voll am Transistor wirksam werden kann. R_B' darf *nicht* mit einem Kondensator überbrückt werden, da sich dieser sonst negativ aufladen und den Arbeitspunkt verschieben würde. Man verwendet für R_B' zweckmäßigerweise eine

Parallelschaltung aus ohmschem Widerstand und Thermistor (vgl. oben).

Die Transformatoren der Abb. 44.17 auf der Eingangs- und Ausgangsseite kann man durch Verwendung komplementärer Transistoren einsparen. Abb. 44.19 zeigt eine

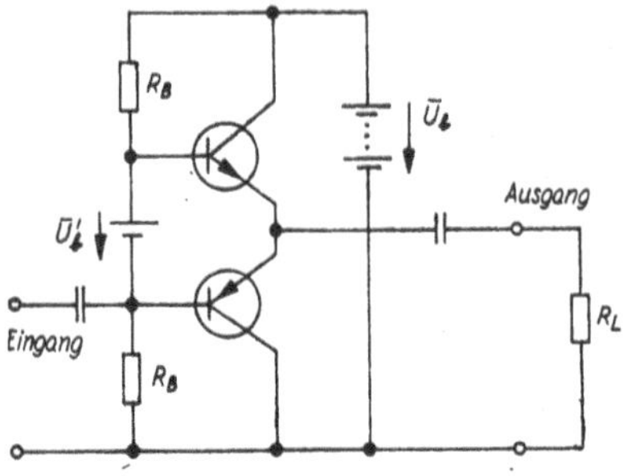

Abb. 44.19. Verwendung komplementärer Transistoren zur Einsparung der Transformatoren in der Schaltung von Abb. 44.17

solche Schaltung. Die Stromquelle $\bar{U}_b'$ muß eine solche Gleichspannung liefern, daß der Kollektorstrom ohne Aussteuerung den gewünschten Wert ($I_{C0} \approx 0{,}01$ bis $0{,}02\, I_{Cmax}$) annimmt. Sie wird in der Praxis durch Stabilisierungsdioden und Einstellwiderstände realisiert. $\bar{U}_b$ ist doppelt so groß wie bei der Schaltung mit Transformatoren, die maximale Spannung an einem Transistor beträgt aber hier nur $\bar{U}_b$ und ist damit nicht größer als in Abb. 44.17 (wo sie den Wert $2\bar{U}_b$ annahm).

44.4. Resonanzverstärker

44.4.1. Verstärkung ohne Frequenzumsetzung

Der Resonanzverstärker folgt aus dem Widerstandsverstärker, indem der ohmsche Lastwiderstand im einfachsten Fall durch einen Schwingkreis ersetzt wird.

Gegenüber dem Röhrenverstärker ergeben sich einige spezifische Probleme, die mit dem relativ niedrigen Eingangswiderstand und der stärkeren Ausgangs-Eingangskopplung beim Transistor zusammenhängen.

Die direkte Parallelschaltung des Eingangs einer Transistorstufe in Basis- oder Emitterschaltung zu einem Parallelschwingkreis würde dessen Resonanzwiderstand zu stark erniedrigen. Deshalb verwendet man Transformationsschaltungen, wie Abb. 44.20 zeigt. Die Güte des

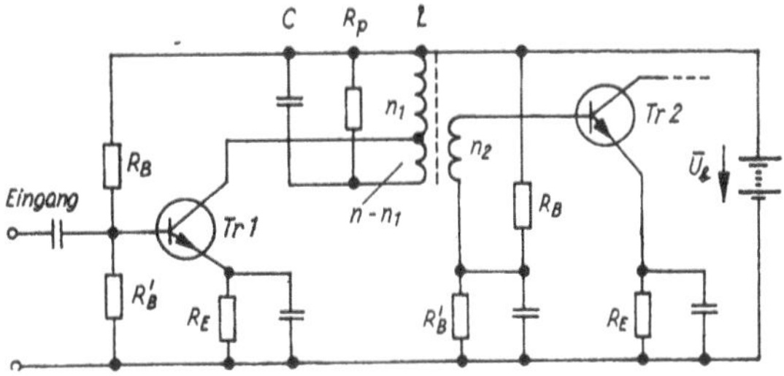

Abb. 44.20. Resonanzverstärker mit Parallelschwingkreis und Transformatorkopplung

unbelasteten Schwingkreises (Abschn. 6.2.)

$$Q = \frac{R_p}{\omega_0 L}, \quad \omega_0 = \frac{1}{\sqrt{LC}}, \tag{44.87}$$

wird durch den Betriebsausgangswiderstand R_0 des ersten Transistors Tr1 und den Betriebseingangswiderstand R_i des zweiten Transistors Tr2 herabgesetzt.

Es ergibt sich (vgl. Abb. 44.20)

$$Q_b = \frac{1}{\omega_0 L} \left\{ \frac{1}{R_p} + \frac{1}{R_0} \left(\frac{n_1}{n} \right)^2 + \frac{1}{R_i} \left(\frac{n_2}{n} \right)^2 \right\}^{-1}. \tag{44.88}$$

Wir wollen die Übersetzungsverhältnisse so wählen, daß bei vorgegebenen Q_b (d. h. vorgegebener Bandbreite) und konstantem Q maximale Leistung übertragen wird. Aus dem Ersatzschaltbild Abb. 44.21 folgt für die an Tr2 abgegebene Leistung

$$P = \frac{1}{2}\left\{\check{I}\,\frac{\left(\frac{n_1}{n}\right) R_\mathrm{i}^{-1} \left(\frac{n_2}{n}\right)^2}{R_\mathrm{i}^{-1}\left(\frac{n_2}{n}\right)^2 + R_0^{-1}\left(\frac{n_1}{n}\right)^2 + R_\mathrm{p}^{-1}}\right\}^2 R_\mathrm{i}\left(\frac{n}{n_2}\right)^2. \tag{44.89}$$

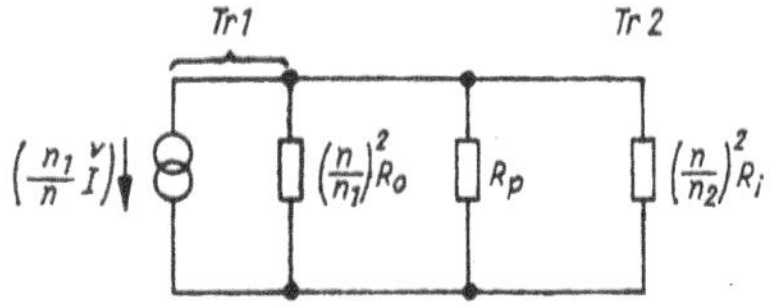

Abb. 44.21. Ersatzschaltbild zu Abb. 44.20 im Resonanzfall ($\omega = \omega_0$). $\check{I}$ ist die Stromergiebigkeit des Transistors Tr1

Unter Verwendung der Gln. (44.88) und (44.87) ergibt sich

$$P = \frac{1}{2}\,\check{I}^2\,\frac{\left(\frac{n_1}{n}\right)^2 R_\mathrm{i}^{-1}\left(\frac{n_2}{n}\right)^2\left(1 - \frac{Q_\mathrm{b}}{Q}\right)^2}{\left\{R_\mathrm{i}^{-2}\left(\frac{n_2}{n}\right)^2 + R_0^{-1}\left(\frac{n_1}{n}\right)^2\right\}^2}. \tag{44.90}$$

Diese Leistung hat in Abhängigkeit von n_2 ein Maximum, wenn

$$R_\mathrm{i}^{-1} n_2^2 = R_0^{-1} n_1^2 \tag{44.91}$$

gilt. Die Anpassungsbedingung ist also unabhängig von der Windungszahl n und der Güte Q_b. Durch Einsetzen der Bedingung (44.91) in Gl. (44.88) erhält man für das Übersetzungsverhältnis n_1/n folgenden Ausdruck:

$$\frac{n_1}{n} = \sqrt{(Q_\mathrm{b}^{-1} - Q^{-1})\,\frac{R_0}{\omega_0 L}}. \tag{44.92}$$

Die bei Anpassung übertragene Leistung (Gl. (44.90) mit Gl. (44.91))

$$P_{\max} = \frac{1}{8} \hat{I}^2 R_0 \left(1 - \frac{Q_b}{Q}\right)^2 \qquad (44.93)$$

wächst also mit abnehmender Güte Q_b des belasteten Schwingkreises, d. h., Bandbreite und übertragene Leistung haben die gleiche Tendenz.

Die Rückwirkung der Ausgangsspannung auf den Eingangskreis ist beim Transistor durch die galvanische und vor allem die kapazitive Verkopplung zwischen Kollektor und Basisschicht bedingt und kann beim Resonanzverstärker zu Unsymmetrien in der Resonanzkurve, Instabilitäten und Eigenschwingungen führen. Diese Rückwirkung läßt sich einerseits durch schaltungstechnische Maßnahmen kompensieren (Neutralisation, vgl. Abschnitt 44.5.) oder andererseits durch eine Fehlanpassung, die allerdings mit einem Verlust an Leistungsverstärkung verbunden ist, vermindern. Im letzteren Fall wird das Spannungsteilerverhältnis z. B. an der Eingangsseite des Transistors Tr2 der Abb. 44.20 durch Verringerung der Windungszahl n_2 herabgesetzt.

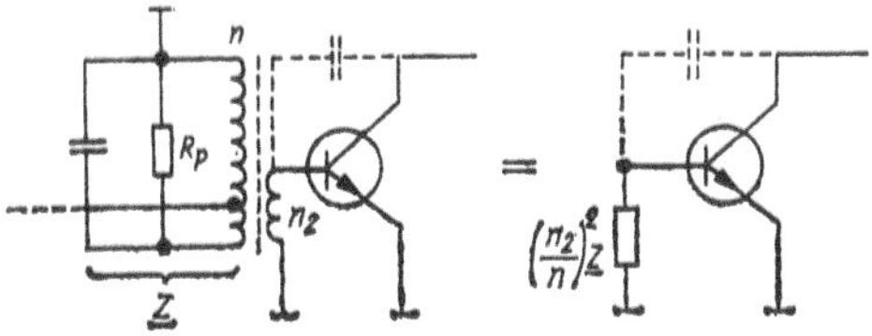

Abb. 44.22. Zur Verminderung der Transistorrückwirkung durch Fehlanpassung. $\underline{Z}$ ist der komplexe Widerstand des Resonanzkreises einschließlich des Betriebsausgangswiderstandes von Tr1 in Abb. 44.20

Die Verhältnisse sind aus Abb. 44.22 zu erkennen, wobei der gestrichelt gezeichnete Kondensator die schädliche Rückwirkungskapazität darstellt. Man beachte, daß die Rückwirkung wegen der notwendigen Phasendrehung aber nur dann zu Schwingungen führen kann, wenn $\underline{Z}$

komplex ist, weshalb diese Betrachtungen für *RC*-Verstärker bedeutungslos sind.

Beim Resonanzverstärker treten für größere Aussteuerungen zusätzliche Komplikationen auf, da die Transistorkenngrößen (einschließlich der Rückwirkungskapazität) aussteuerungsabhängig werden. Diese Abhängigkeit ist unterschiedlich für verschiedene Arbeitsfrequenzen und macht sich besonders störend bemerkbar, wenn die Transistorkenngrößen selbst frequenzabhängig sind (Bereich höherer Frequenzen: $f \geqq f_\beta$). Das erfordert meist relativ komplizierte *LC*-Netzwerke im Eingangs- und Ausgangskreis. Das Einschwingverhalten wird damit im Vergleich zu entsprechenden Röhrenschaltungen ungünstiger.

In der Praxis sind Transistorresonanzverstärker bis 100 MHz mit Leistungen bis zu 100 W realisierbar.

44.4.2. Frequenzvervielfachung und Mischung

Eine Frequenzvervielfachung ist möglich, wenn eine nichtlineare Kennlinie ausgesteuert und der als Arbeitswiderstand wirkende Resonanzkreis auf die gewünschte Oberwelle abgestimmt wird. Wegen des guten Wirkungsgrades kommt hierfür in erster Linie der C-Betrieb (vgl. Abschn. 18.) in Frage. Besonders günstig wirkt sich dabei auch die Tatsache aus, daß nach Anstoßen des Kreises durch die Spitze der positiven Halbwelle der Grundfrequenz der Transistor gesperrt ist und damit der Resonanzkreis nur eine geringe Dämpfung erfährt. Die genaue Berechnung des Transistor-C-Verstärkers ist äußerst kompliziert. Unter der idealisierten Voraussetzung „linearer" Kennlinien ($I_C = K U_{BE}$ für $U_{BE} > U_{BE0}$ und $I_C = 0$ für $U_{BE} \leqq U_{BE0}$) und bei Betrieb unterhalb der β-Grenzfrequenz ($f < f_\beta$) kann man jedoch mit ausreichender Genauigkeit die Formeln für den entsprechenden Röhrenverstärker (Abschn. 18.) übernehmen. Abb. 44.23*a* zeigt die Aussteuerung an der $I_C - U_{BE}$-Kennlinie.

Danach gilt,

$$\bar{U}_{BE} + \check{U}_{BE} \sin\left(\frac{\pi}{2} \pm \theta\right) = U_{BE0} \qquad (44.94)$$

oder

$$\cos\theta = \frac{-\bar{U}_{BE} + U_{BE0}}{\check{U}_{BE}}. \qquad (44.95)$$

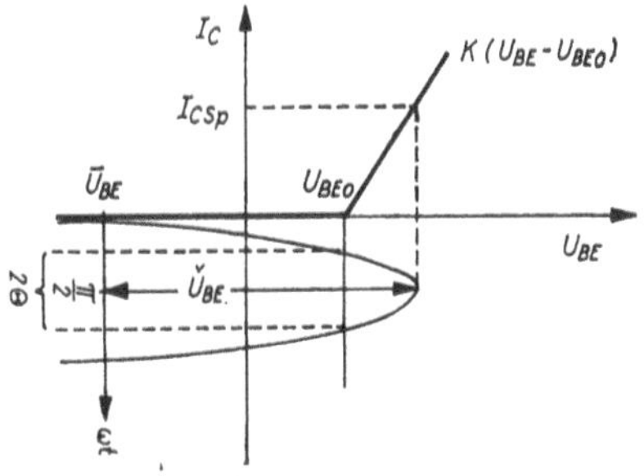

Abb. 44.23 *a*. Aussteuerung eines Transistors im C-Betrieb. θ ist der sog Stromflußwinkel

Durch eine Fourier-Zerlegung erhält man den Zusammenhang zwischen dem Kollektorspitzenstrom I_{Csp} und dem Gleichstrom $\bar{I}_C$ bzw. den Fourier-Komponenten $\check{I}_{Cn}$ bei den Frequenzen $n\omega$:

$$\bar{I}_C = f_0(\theta)\, I_{Csp},$$

$$\check{I}_{Cn} = f_n(\theta)\, I_{Csp} \text{ mit } n = 1, 2, 3, \ldots, \qquad (44.96)$$

wobei die Funktionen $f_0(\theta)$ und $f_n(\theta)$ bis $n = 3$ in Abb. 44.23 *b* graphisch dargestellt sind (vgl. auch die Gln. (18.9) und (18.10) sowie [M 1 a]).

Um eine maximale Leistung zu erhalten, muß $\check{U}_{BE}$ möglichst groß gewählt werden. Eine Begrenzung wird dadurch gegeben, daß für die maximale Basis-Emitterspannung $(\check{U}_{BE} + \bar{U}_{BE})$ die Kollektor-Emitterspannung

$(\overline{U}_b - \check{U}_{Cn})$ noch größer oder gleich Null ist:

$$\overline{U}_b - \check{U}_{Cn} \geqq 0. \tag{44.97}$$

Im sogenannten Grenzbetrieb ergibt sich also

$$\overline{U}_b = \check{U}_{Cn}. \tag{44.98}$$

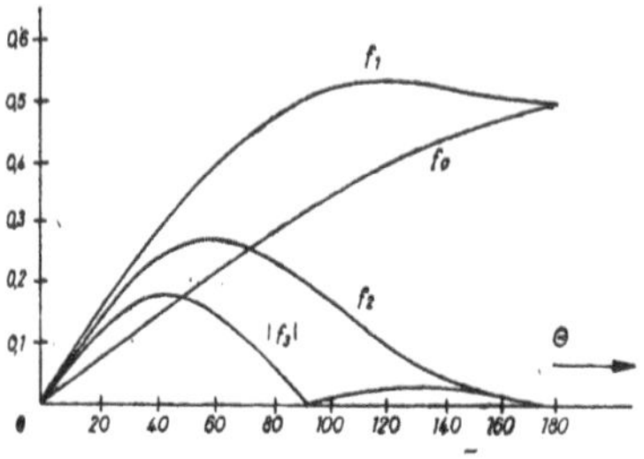

Abb. 44.23b. Graphische Darstellung der Funktionen $f_0(\Theta)$ und $|f_n(\Theta)|$ für $n = 1, 2, 3$

Nennen wir den Resonanzwiderstand des auf die $n$te Harmonische abgestimmten Kollektorschwingkreises R_p, so folgt für die abgegebene Leistung

$$P_n = \frac{1}{2} \cdot \frac{\check{U}_{cn}^2}{R_p}. \tag{44.99}$$

Wenn man eine bestimmte Leistung P_n erhalten will, dann folgt aus den Gln. (44.99) und (44.98)

$$R_p = \frac{\overline{U}_b^2}{2P_n}. \tag{44.100}$$

Der so erhaltene Wert ist meist zu klein, um noch eine hinreichende Güte des Schwingkreises (die für die selektive Verstärkung der $n$ten Harmonischen benötigt wird) zu gewährleisten. Es muß deshalb für eine entsprechende Transformation durch Ankopplung des Kollektors an eine Anzapfung der Schwingkreisspule gesorgt werden.

Der Stromflußwinkel θ folgt aus der Beziehung

$$R_p \doteq \frac{\check{U}_{Cn}}{\check{I}_{Cn}}, \tag{44.101}$$

wenn man $\check{U}_{Cn}$ nach Gl. (44.98) und $\check{I}_{Cn}$ nach Gl. (44.96) einsetzt:

$$f_n(\theta) = \frac{\overline{\overline{U}}_b}{R_p I_{csp}}. \tag{44.102}$$

Bei der Einstellung der Größe von $\check{U}_{BE}$ bzw. $\overline{U}_{BE}$ muß man beachten, daß die negative Spannung an der Basis, deren Kleinstwert $\overline{U}_{BE} - \check{U}_{BE}$ ist, die Durchbruchsspannung nicht erreichen darf.

Unter ***Mischung*** versteht man in der Hochfrequenztechnik die Überlagerung von mindestens zwei Frequenzen mit Hilfe eines nichtlinearen Bauelements, wobei Summen- und Differenzfrequenzen gebildet werden (vgl. auch Abschn. 31.2.). Während bei Mehrgitterröhren auch die sog. multiplikative Mischung (der Ausgangsstrom ist dem Produkt der Eingangsspannungen an verschiedenen Elektroden proportional) eine Rolle spielt, kommt für Transistoren praktisch nur die additive Mischung in Frage: Die zu mischenden Frequenzen werden addiert und *einer* Elektrode zugeführt. Die gewünschte Kombinationsfrequenz wird dann mit Hilfe eines Resonanzkreises herausgesiebt. Die Probleme sind analog wie bei der oben beschriebenen Frequenzvervielfachung.

44.5. Rückgekoppelte Verstärker

44.5.1. Rückkopplung allgemein, Neutralisation

Im Abschnitt 15.1. wurde der rückgekoppelte Verstärker für den Spezialfall eines unendlich hohen Eingangswiderstandes behandelt. (Gln. (15.1) bis (15.9)). Dies trifft auf Röhrenschaltungen im allgemeinen zu. Bei Transistoren muß aber der endliche Eingangswiderstand berücksichtigt werden, weshalb wir den Transistor und das rückkoppelnde Netzwerk durch je einen (beliebigen) linearen Vierpol (*t* bzw. *n*) darstellen. Abb. 44.24 zeigt die vier Möglichkeiten der Rückkopplung. Die Matrix des Gesamtvierpols ergibt sich durch einfache Addition der Matrizen der beiden Teilvierpole, wenn man die geeignete Darstellung wählt. Gemäß Abschn. 43.1. ist dies

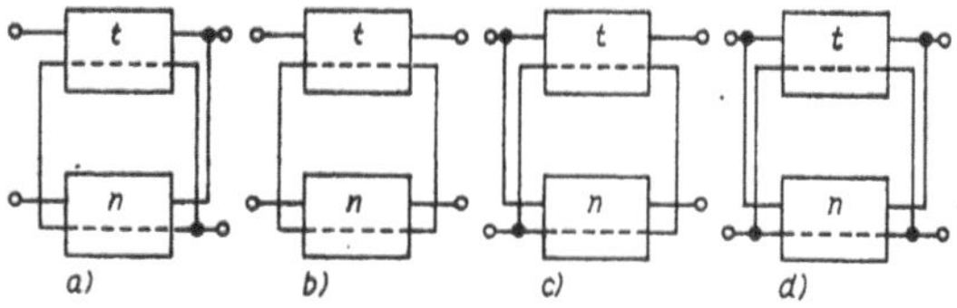

Abb. 44.24. Die vier Möglichkeiten der Rückkopplung: *a*) Reihen-Parallelschaltung, *b*) Reihen-Reihenschaltung, *c*) Parallel-Reihenschaltung, *d*) Parallel-Parallelschaltung (--- kennzeichnet eine evtl. vorhandene durchgehende Leitung des Vierpols)

für die Reihen-Parallelschaltung die $\underline{h}$-Matrix,
für die Reihen-Reihenschaltung die $\underline{Z}$-Matrix,
für die Parallel-Reihenschaltung die $\underline{c}$-Matrix und
für die Parallel-Parallelschaltung die $\underline{Y}$-Matrix.

In den erstgenannten drei Fällen berechnet man dann zunächst die Elemente der $\underline{Y}$-Matrix durch Anwendung von Tab. 43.1, so daß sich schließlich die Betriebskennwerte in allen vier Fällen mit Hilfe von Tab. 43.2 ermitteln lassen. Je nachdem, ob die Verstärkung größer oder kleiner ist als beim nichtrückgekoppelten Verstärker, spricht man von *Mit-* oder *Gegen*kopplung (Abschn. 15.1.). Wenn insbesondere das rückkoppelnde Netzwerk (*n*) so gewählt wird, daß für die Gesamtschaltung das Matrixelement mit dem Index 12 verschwindet (nach Tab. 43.1 ist es gleichgültig, ob dies primär für $\underline{h}_{12}$, $\underline{Z}_{12}$, $\underline{c}_{12}$, $\underline{Y}_{12}$ zutrifft), dann eliminiert man die Rückwirkung der

Ausgangsseite auf den Eingang. Dies wird als *Neutralisation* bezeichnet. Die entsprechende Bedingung lautet also z. B. für die Reihen-Parallelschaltung

$$\underline{h}_{12}^{(t)} + \underline{h}_{12}^{(n)} = 0. \tag{44.103}$$

Wie schon im Abschn. 44.4.1. ausgeführt wurde, ist eine Neutralisation nur beim Resonanzverstärker erforderlich.

Abb. 44.25 zeigt die am meisten verwendete Kollektorneutralisation. Eine einfache Überlegung (vgl. Gln. (43.4)) läßt erkennen, daß der Leitwert des gestrichelt gezeichneten Zweiges, der die schädliche Transistorrückwirkung charakterisieren soll, gleich $\underline{Y}_{12E}$ ist.

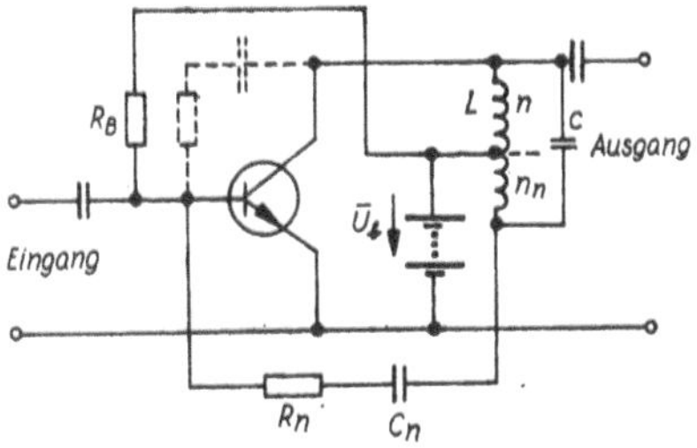

Abb. 44.25. Kollektorneutralisation durch Spule (Windungszahl n_n) und komplexen Widerstand $\underline{Z}_n = R_n + (j\omega C_n)^{-1}$. Der gestrichelt gezeichnete Zweig charakterisiert die schädliche Transistorrückwirkung

Den rückkoppelnden Vierpol zeigt Abb. 44.26, und man erhält leicht auf Grund der Definitionsgleichungen

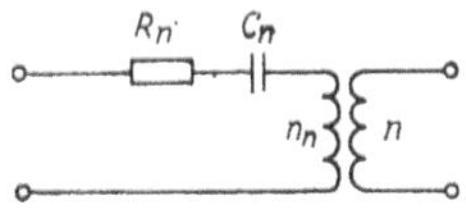

Abb. 44.26. Rückkoppelndes Netzwerk in der Schaltung von Abb. 44.25

(Gln. (43.4)) für die Kurzschluß-Rückwärtssteilheit

$$\underline{Y}_{12}^{(n)} = \pm \frac{n_n/n}{R_n + (j\omega C_n)^{-1}}, \tag{44.104}$$

wobei das Vorzeichen vom relativen Wicklungssinn der beiden Spulen abhängt. Da in Abb. 44.25 eine Parallel-Parallelschaltung dargestellt ist, lautet die Neutralisationsbedingung einfach

$$\underline{Y}_{12E} = -\underline{Y}_{12}^{(n)}. \tag{44.105}$$

Für nicht allzu hohe Frequenzen kann der Widerstand im gestrichelt gezeichneten Zweig der Abb. 44.25 vernachlässigt werden. Damit wird R_n entbehrlich, und die Neutralisationsbedingung vereinfacht sich zu

$$C_{12E} \stackrel{!}{=} (n_n/n)\, C_n. \tag{44.105a}$$

44.5.2. *Operationsverstärker*

Beim Operationsverstärker wird die Gegenkopplung zur Erreichung bestimmter Eigenschaften benutzt. Im einfachsten Fall handelt es sich um einen Spannungs-

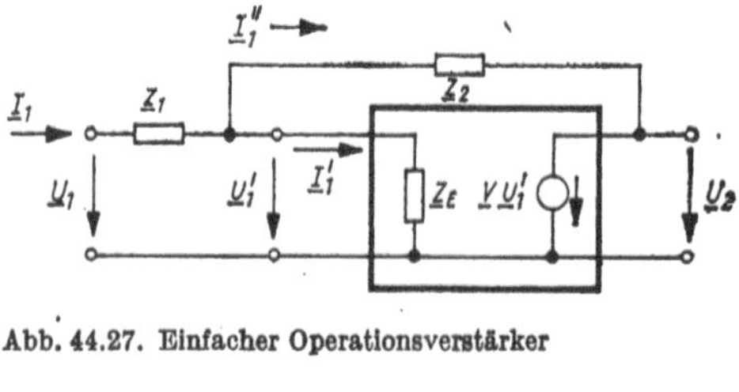

Abb. 44.27. Einfacher Operationsverstärker

verstärker (komplexe Spannungs-Verstärkung $\underline{V}$, komplexer Eingangswiderstand $\underline{Z}_E$), bei dem vom Ausgang zum Eingang und in Reihe zum Eingang die komplexen Widerstände $\underline{Z}_2$ und $\underline{Z}_1$ geschaltet sind (vgl. Abb. 44.27).

Wegen

$$\underline{I}_1'' = \frac{\underline{U}_1' - \underline{U}_2}{\underline{Z}_2} = \frac{\underline{U}_1'(1 - \underline{V})}{\underline{Z}_2} \tag{44.106}$$

und

$$\underline{I}_1' = \frac{\underline{U}_1'}{\underline{Z}_E}, \quad \underline{U}_1 = \underline{I}_1\underline{Z}_1 + \underline{U}_1', \tag{44.107}$$

$$\underline{I}_1 = \underline{I}_1' + \underline{I}_1''$$

folgt für den effektiven Eingangswiderstand

$$\underline{Z}_{Eeff} = \frac{\underline{U}_1}{\underline{I}_1} = \underline{Z}_1 + \left(\frac{1}{\underline{Z}_E} + \frac{1 - \underline{V}}{\underline{Z}_2}\right)^{-1} \tag{44.108}$$

und für die effektive Verstärkung

$$\underline{V}_{eff} = \frac{\underline{U}_2}{\underline{U}_1} = \frac{\underline{V}\underline{U}_1'}{(\underline{I}_1' + \underline{I}_1'')\,\underline{Z}_1 + \underline{U}_1'}$$

$$= \underline{V}\left(\frac{\underline{Z}_1}{\underline{Z}_E} + \frac{1 - \underline{V}}{\underline{Z}_2}\,\underline{Z}_1 + 1\right)^{-1}. \tag{44.109}$$

Damit der Verstärker nicht schwingen kann, muß der Realteil von $\underline{V}$ negativ sein. Wenn dann noch $|\underline{V}|$ groß gegen Eins ist, ergibt sich aus den Gln. (44.108) und (44.109)

$$\underline{Z}_{Eeff} = \underline{Z}_1 - \frac{\underline{Z}_2}{\underline{V}} \approx \underline{Z}_1, \tag{44.110}$$

$$\underline{V}_{eff} = -\frac{\underline{Z}_2}{\underline{Z}_1}. \tag{44.111}$$

Die effektive Verstärkung wird damit unabhängig von $\underline{V}$, sie ist nur durch die äußeren Widerstände $\underline{Z}_1$ und $\underline{Z}_2$ bestimmt und daher weitestgehend stabil (Schwankungen der Speisespannungen wirken sich nur auf $\underline{V}$ aus), und der Verstärker ist verzerrungsfrei (Übersteuerungen führen nur zu einer Verringerung von $\underline{V}$).

Für den Spezialfall $\underline{Z}_2^{-1} = R^{-1} + j\omega C$; $\underline{Z}_1 = R$ folgt

$$\underline{U}_2 = \underline{V}_{\text{eff}}\underline{U}_1 = -\frac{\underline{U}_1}{1 + j\omega RC} \qquad (44.112)$$

(Tiefpaß), und für $\underline{Z}_2 = R$; $\underline{Z}_1 = R + (j\omega C)^{-1}$ folgt

$$\underline{U}_2 = \underline{V}_{\text{eff}}\underline{U}_1 = -\underline{U}_1 \frac{j\omega RC}{1 + j\omega RC} \qquad (44.113)$$

(Hochpaß).

Die Tatsache, daß der „innere" Eingangswiderstand $\underline{U}_1'/\underline{I}_1' = -\underline{Z}_2/\underline{V}$ (vgl. Gl. (44.110)) sehr kleine Werte annimmt, kann zur Addition mehrerer Eingangssignale verwendet werden. Man schaltet einfach analog zu $\underline{Z}_1$ noch mehrere gleiche Widerstände an und erhält $\underline{U}_2$ proportional zur Summe der an diese Widerstände angelegten Spannungen, ohne daß sich diese gegenseitig beeinflussen (Additionsverstärker).

Bei der Anwendung als Differenzier- oder als Integrierverstärker muß man zunächst an Stelle der komplexen Wechselstromrechnung die Laplace-Transformation zugrunde legen. Die Gl. (44.111) ist dann zu ersetzen durch (vgl. Abschn. 1.3.2.)

$$U_2(p) = -\frac{Z_2(p)}{Z_1(p)}\, U_1(p)\,. \qquad (44.114)$$

Beim Differenzierverstärker $\left(Z_2(p) = R;\ \ Z_1(p) = \frac{1}{pC}\right)$ ergibt sich

$$U_2(t) = -RC\,\frac{\mathrm{d}}{\mathrm{d}t}\, U_1(t) \qquad (44.115)$$

und beim Integrierverstärker $\left(Z_2(p) = \frac{1}{pC};\ Z_1(p) = R\right)$

$$U_2(t) = -\frac{1}{RC}\int\limits_0^t U_1(t')\,\mathrm{d}t'\,. \qquad (44.116)$$

Nichtlineare Operationen wie z. B. Logarithmieren können durch Verwendung von Dioden und ohmschen Widerständen im Rückkopplungszweig simuliert werden.

An Stelle eines einfachen Spannungsverstärkers findet häufig der sog. Differenzverstärker Verwendung. Abb. 44.28 zeigt die Prinzipschaltung (für eine Stufe) und das Schaltsymbol.

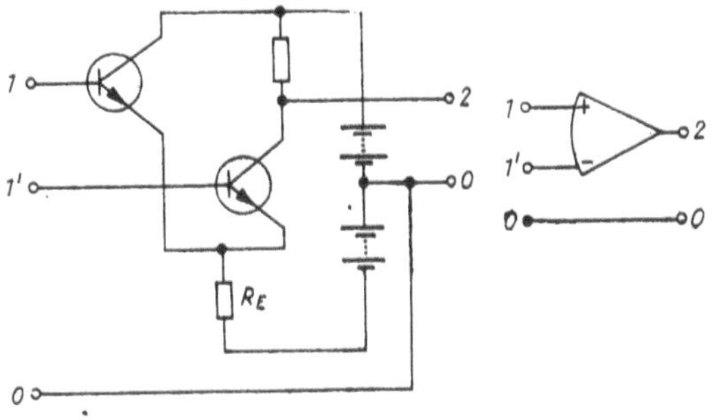

Abb. 44.28. Prinzipschaltung und Schaltsymbol eines Differenzverstärkers

Die Ausgangsspannung U_{20} ist proportional der Differenz der beiden Eingangsspannungen $U_{10} - U_{1'0}$, wenn der gemeinsame Emitterwiderstand R_E hinreichend groß ist ($R_E \geqq 100\,\mathrm{k}\Omega$, meist gebildet durch einen Transistor). In diesem Falle bewirken die Eingangsspannungen nämlich nur eine Umverteilung des durch R_E fließenden Stroms auf die beiden Transistoren. Vorteile dieses Verstärkertyps sind:

1. Wenn man die Signalspannung zwischen die Klemmen 1 und 1′ schaltet, werden die sonst störenden Temperatureffekte unterdrückt (gleiche Transistoren im engen thermischen Kontakt vorausgesetzt), und
2. der zweite Eingang (1′0) bietet die Möglichkeit einer einfachen Subtraktion.

Die oben beschriebenen Operationsverstärker lassen sich einfach mit dem Differenzverstärker realisieren, wenn die Klemme 1 oder 1′ mit 0 kurzgeschlossen wird. Als Vorteil ergibt sich eine hohe Temperaturstabilität der Ausgangsgrundspannung, d. h. derjenigen Ausgangsspannung des Verstärkers, der die verstärkte Eingangsspannung überlagert ist.

Als Beispiel für den an zweiter Stelle genannten Vorteil betrachten wir Abb. 44.29. Dann gilt, wenn $\pm \underline{V}$ die Spannungsverstärkung und $\underline{Z}_E$ die Eingangswiderstände

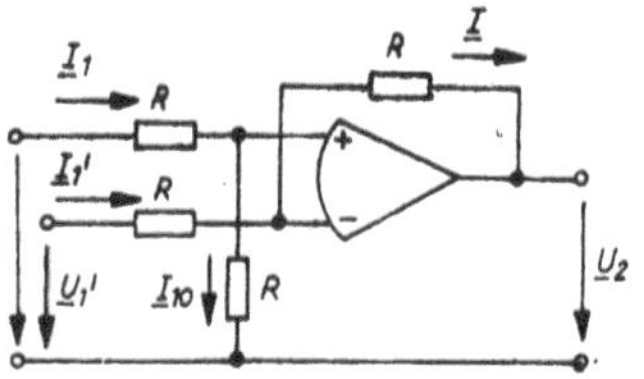

Abb. 44.29. Verwendung eines Differenzverstärkers als Operationsverstärker zur Substraktion zweier Signale

der beiden Eingänge bezeichnet:

$$\begin{aligned}
\underline{U}_{1'} &= \underline{I}_{1'}R + \underline{I}_{10}R,\\
\underline{U}_1 &= \underline{I}_1 R + \underline{I}R + \underline{U}_2,\\
\underline{I}_{10}R &= (\underline{I}_{1'} - \underline{I}_{10})\,\underline{Z}_E, \qquad (44.117)\\
\underline{I}R + \underline{U}_2 &= (\underline{I}_1 - \underline{I})\,\underline{Z}_E,\\
\underline{U}_2 &= \underline{V}\,\{\underline{Z}_E(\underline{I}_1 - \underline{I}_{10}) - \underline{Z}_E(\underline{I}_{1'} - \underline{I})\}.
\end{aligned}$$

Nach einer einfachen Umrechnung folgt

$$\underline{U}_2 = (\underline{U}_1 - \underline{U}_{1'})\,\frac{\underline{V}}{\underline{V} + 2 + R/\underline{Z}_E}. \qquad (44.118)$$

45. Generatoren

45.1. Sinuswellengeneratoren

Die allgemeine nichtlineare Theorie der Erzeugung elektrischer Sinusschwingungen wurde im Abschnitt 19. ausführlich dargestellt. Die Betrachtungen gelten analog für Transistorschaltungen: Damit überhaupt Schwingungen erregt werden, muß

$$\varepsilon = \sqrt{\frac{L}{C}}\left(\alpha - \frac{1}{R}\right) > 0 \tag{45.1}$$

gelten, wobei α eine Größe ist, die mit zunehmender Rückkopplung wächst (Gl. (19.4)) und R den Resonanzwiderstand des Parallelschwingkreises (Abb. (19.1)) bezeichnet. Da α zeitlichen Schwankungen unterliegt (Einfluß der Betriebsspannung, der Temperatur usw. auf die Kenngrößen des Verstärkerbauelementes), sollte αR nicht nur größer, sondern groß gegen Eins sein. Wenn aber die Größe ε nicht klein gegen Eins ist, nimmt der Gehalt an Oberwellen zu, und es wächst der Einfluß des Verstärkerbauelementes auf die Frequenz der erzeugten Schwingungen (Abschn. 19.1.). Die Forderung

$$0 < \varepsilon = \sqrt{\frac{L}{C}}\left(\alpha - \frac{1}{R}\right) \ll 1 \tag{45.2}$$

läßt sich aber mit $\alpha R \gg 1$ in Übereinstimmung bringen, wenn man Schwingkreise (oder allg. resonanzfähige Gebilde wie z. B. Quarz, magnetostriktive Schwinger) mit sehr hoher Güte Q verwendet:

$$Q \gg \alpha R; \tag{45.3}$$

denn dies bedeutet

$$\frac{\alpha R}{Q} = \frac{1}{R}\sqrt{\frac{L}{C}}\,\alpha R \approx \sqrt{\frac{L}{C}}\left(\alpha - \frac{1}{R}\right) \ll 1. \tag{45.4}$$

In Abb. 45.1 sind die Grundschaltungen für Sinuswellengeneratoren mit Transistoren dargestellt.

Der Wicklungssinn der beiden Spulen bei der MEISSNER-(Emitter!)-Schaltung muß entgegengesetzt sein, was durch die beiden Punkte angedeutet wird.

Wenn man beim COLPITTS-Oszillator die Spule durch einen Serienschwingkreis ersetzt, erhält man den sog.

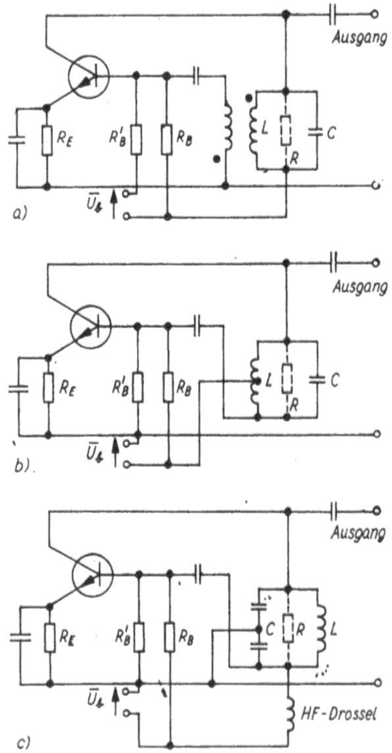

Abb. 45.1. Grundschaltungen für Sinuswellengeneratoren
a) MEISSNER-Oszillator
b) Induktive Dreipunktschaltung oder HARTLEY-Oszillator
c) Kapazitive Dreipunktschaltung oder COLPITTS-Oszillator

Clapp-Oszillator. Die Kapazität des Serienschwingkreises ist dabei klein gegen die Spannungsteilerkapazitäten zu wählen, so daß praktisch er allein die Resonanzfrequenz bestimmt.

Die hier dargestellten Grundschaltungen funktionieren nur bei Frequenzen, die kleiner sind als die β-Grenzfrequenz. Darüber treten bekanntlich Abweichungen von

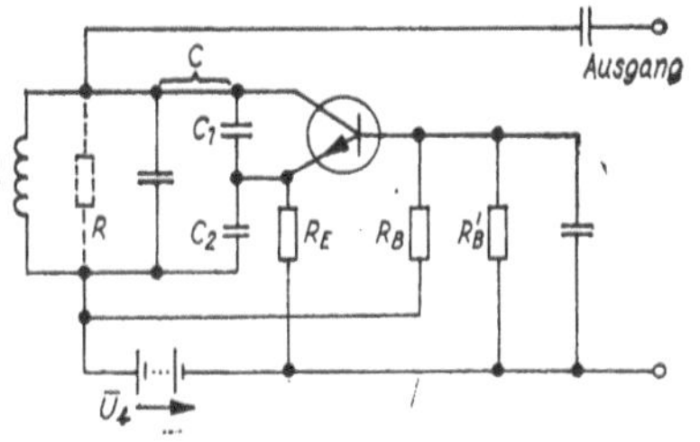

Abb. 45.2. Oszillator in Basisschaltung mit kapazitiver Rückkopplung

der 180° Phasenverschiebung zwischen Kollektor- und Basisspannung auf. Diese müssen durch phasendrehende Netzwerke kompensiert werden. Da die α-Grenzfrequenz f_α wesentlich größer als die β-Grenzfrequenz f_β ist (Gl. (43.28)), empfiehlt es sich, ab ca. 100 MHz die Basisschaltung zu verwenden. Abb. 45.2 zeigt einen Oszillator in Basisschaltung mit kapazitiver Rückkopplung. Man beachte hierbei, daß in der Basisschaltung für $f < f_\alpha$ keine Phasenverschiebung zwischen Kollektor- und Emitterspannung auftritt. Für höhere Frequenzen wird durch Verändern der Kapazitätswerte C_1 und C_2 (unter Berücksichtigung des ohmschen Transistoreingangswiderstandes) die erforderliche Phasenkompensation eingestellt.

Bei Niederfrequenzoszillatoren würde die technische Realisierung der notwendigen Induktivitäten zu Schwierigkeiten führen. Man verwendet deshalb als frequenzbestimmendes Bauelement RC-Schaltungen, die allerdings nur geringe Güten aufweisen (vgl. z. B. Abschn. 16., Lösung der Aufgabe auf S. 63).

Abb. 45.3 zeigt eine einfache Schaltung. Die erforderliche Phasenbeziehung wird hier durch drei *RC*-Glieder bewirkt, wobei sich im letzten Glied der Widerstand *R*

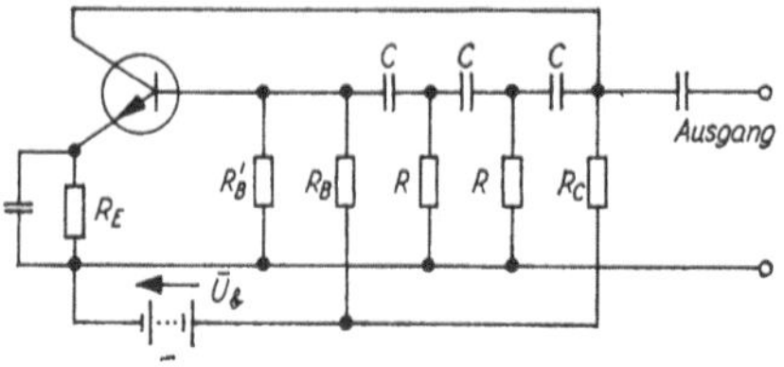

Abb. 45.3. *RC*-Phasenkettenoszillator

durch die Parallelschaltung von R_B', R_B und dem Betriebseingangswiderstand des Transistors ergibt. Die Resonanzfrequenz f_{res} folgt aus der Bedingung, daß die Phasendrehung, die über die Schaltung zwischen Kollektorstrom und Basisspannung entsteht, verschwindet. Sofern R_C klein ist gegen den Eingangswiderstand der *RC*-Phasenkette, sind Kollektorstrom und Kollektorspannung gegenphasig. Dies soll hier vorausgesetzt werden. Dann muß das Element a_{11} der Kettenmatrix (vgl. Gl. 43.6)) der *RC*-Phasenkette negativ und reell sein. Die Kettenmatrix selbst erhält man durch Multiplikation der Kettenmatrizen der drei *RC*-Glieder. Es ergibt sich

$$f_{res} = \frac{1}{2\pi\sqrt{6}\,RC}. \qquad (45.5)$$

Der Oberwellengehalt bei diesem Oszillator ist noch relativ groß. Eine Verbesserung läßt sich bei derartigen Schaltungen, die durch eine geringe Güte des frequenzbestimmenden Netzwerkes gekennzeichnet sind, in folgender Weise erreichen:

Man verwendet temperaturabhängige Widerstände (Heißleiter oder Kaltleiter) mit möglichst kleinen thermischen Zeitkonstanten, die aber noch groß gegen die Periode der erzeugten Oszillatorschwingung sein müssen. Eine entsprechende Schaltung zeigt Abb. 45.4. Hier wird der ohmsche Zweig einer WIEN-Brücke durch einen

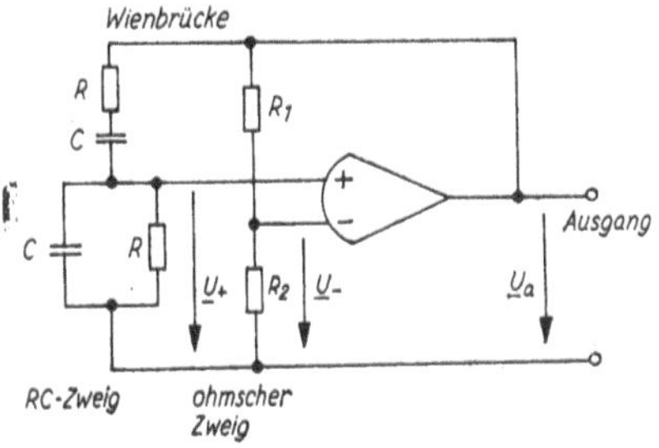

Abb. 45.4. Oszillator mit WIEN-Brücke und Differenzverstärker

temperaturabhängigen Spannungsteiler gebildet, indem man für R_1 einen Heißleiter (z. B. TNR2/1 vom KWH/DDR) einsetzt bzw. für R_2 einen Kaltleiter. Die Frequenz der sich erregenden Schwingung folgt aus der Bedingung, daß das Verhältnis $\underline{U}_+/\underline{U}_a$ positiv und reell sein muß. Es ergibt sich

$$f_{res} = \frac{1}{2\pi RC}, \tag{45.6}$$

$$\frac{\underline{U}_+}{\underline{U}_a} = \frac{1}{3}. \tag{45.7}$$

Das Spannungsteilerverhältnis des ohmschen Zweiges wird so gewählt, daß im unbelasteten Zustand

$$\frac{R_2}{R_2 + R_1} < \frac{1}{3} \tag{45.8}$$

gilt. Dann wächst die Amplitude so lange an, bis durch die Erwärmung von R_1 das Spannungsteilerverhältnis in die Nähe von $^1/_3$ kommt.

45.2. *Multivibratoren*

Bei Multivibratoren liegt eine sehr starke Rückkopplung vor. In der nichtlinearen Theorie elektrischer Schwingungen (vgl. Abschn. 19.4.) entspricht dies großen positiven Werten von ε.

Die mathematische Behandlung erfolgt in diesem Falle aber günstiger durch Zerlegung in einzelne Zeitabschnitte, was schon durch die rechteckige Form der erzeugten Spannungen nahegelegt wird. Steile Flanken entsprechen hohen Frequenzkomponenten, und zwar gilt für das Produkt aus Anstiegszeit t_A und Bandbreite B (vgl. Gl. (20.35))

$$Bt_A \approx 0{,}3\cdots0{,}5\,. \tag{45.9}$$

Aus diesem Grund sind bei Kopplungen oft besondere Kompensationsmaßnahmen erforderlich, um die hohen Frequenzanteile mit zu übertragen. Bei einem einfachen ohmschen Spannungsteiler sei auf der Ausgangsseite eine schädliche Kapazität C_s (z. B. Transistoreingangskapazität) vorhanden, vgl. Abb. 45.5*a*. Dadurch wird die Bandbreite auf den Wert

$$B = \frac{R_1 + R_2}{2\pi R_1 R_1 C_s} \tag{45.10}$$

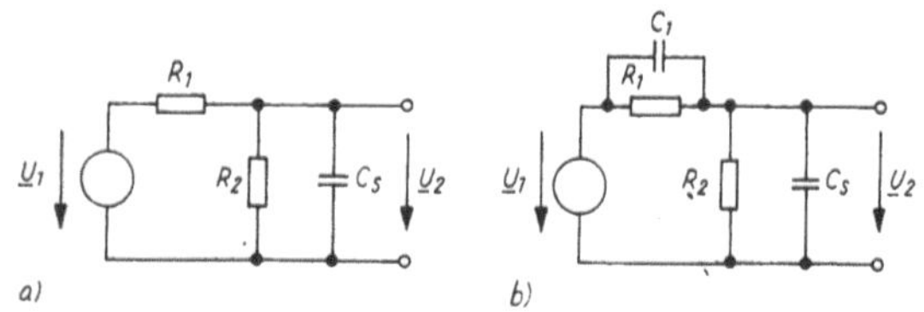

Abb. 45.5. Einfacher ohmscher Spannungsteiler mit schädlicher Kapazität C_s am Ausgang (*a*) und kompensierte Schaltung (*b*)

verringert. Durch Anschalten einer Kapazität C_1, die der Bedingung

$$C_1 R_1 = C_s R_2 \tag{45.11}$$

genügen muß, wird diese Begrenzung aufgehoben (Abb. 45.5*b*).

Bei Multivibratoren unterscheidet man zwischen den sog. bistabilen, den monostabilen und den astabilen Schaltungen, die im folgenden behandelt werden.

Abb. 45.6 zeigt die Grundschaltung eines bistabilen Multivibrators. Die Dimensionierung der Basisspannungsteiler und der Kollektorwiderstände soll dabei so erfolgen, daß im leitenden Zustand (das ist immer nur für *einen* der beiden Transistoren der Fall, s. u.) der Kollektorstrom nur geringfügig vom Basisstrom abhängt: In Abb. 44.3*a* muß der Arbeitspunkt weit links oben auf der Widerstandsgeraden liegen (Sättigungszustand). Dann gibt es für die Schaltung zwei stabile Zustände.

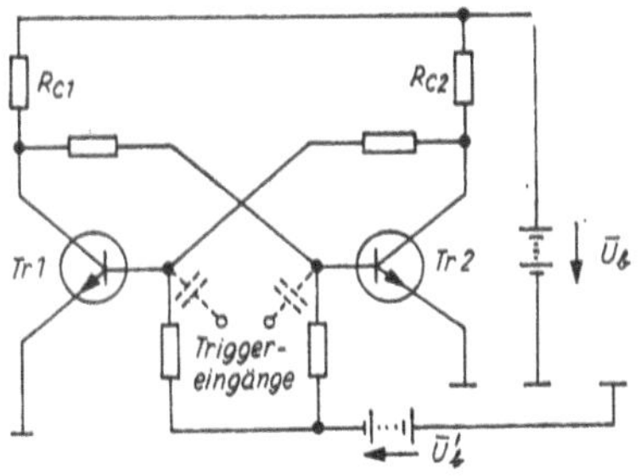

Abb. 45.6. Bistabiler Multivibrator (Flip-Flop)

Wir nehmen z. B. an, daß Tr1 leitet. Der Spannungsabfall an R_{C1} beträgt dann ungefähr $\overline{U}_b$, d. h., die Basis von Tr2 ist negativ vorgespannt, und Tr 2 wird gesperrt. Wenn jetzt ein negativer Impuls an die Basis von Tr 1 gelangt, wird Tr 1 kurzzeitig gesperrt, der Spannungsabfall an R_{C1} verschwindet, die Basis von Tr 2 wird positiv, Tr 2 leitet, und der Spannungsabfall am R_{C2} sperrt Tr 1 dauernd.

Ein weiterer negativer Impuls an der Basis von Tr 1 ist wirkungslos, aber an der Basis von Tr 2 bewirkt er, daß wieder Tr 1 leitend wird.

Wenn man eine Folge von negativen Impulsen gleichzeitig an beide Basisanschlüsse (Tr 1 und Tr 2) gibt, schaltet der bistabile Multivibrator mit der halben Folgefrequenz dieser Impulse. Er arbeitet also als 1 : 2-Untersetzer. Durch Kombination mehrerer solcher Stufen kann man elektronische Zähler aufbauen. Bezüglich der Probleme bei der Triggerung und der Zusammenschaltung zu dekadischen Zählern wird auf die Literatur verwiesen [P 2].

Beim *monostabilen* Multivibrator (Univibrator, Monoflop) wird eine der beiden Gleichstromkopplungen durch ein RC-Glied ersetzt, vgl. Abb. 45.7.

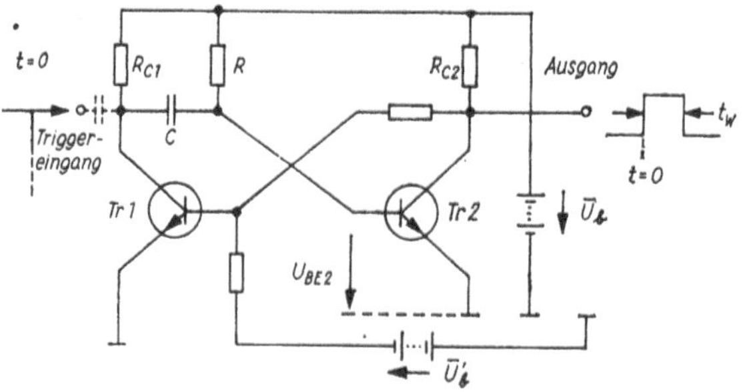

Abb. 45.7. Monostabiler Multivibrator (Univibrator, Monoflop)

Gewöhnlich leitet Tr 2, da die Basis von Tr 2 über R eine positive Vorspannung erhält (Dimensionierung wie beim Flip-Flop für den Sättigungszustand). Ein negativer Impuls am Kollektor von Tr 1 gelangt über den Kondensator C auf die Basis von Tr 2, der damit gesperrt wird. Die zugehörige Kollektorspannung steigt auf $\bar{U}_b$ an und bringt damit Tr 1 in den leitenden Zustand: Am Kollektor von Tr 1 entsteht ein Spannungsprung der Größe $-\bar{U}_b$, so daß sich an der Basis von Tr 2 zum Zeitpunkt $t=0$ (vgl. Abb. 45.7) die Spannung $U_{BE2}(t=0) = 0 - \overline{U}_b + \overline{U}_s$ ausbildet.

$\overline{U}_s$ bezeichnet dabei die Schleusenspannung der Basis-Emitter-Diode von Tr 2 (ca. 0,6 V bei Siliziumtransistoren). Die Spannung $-\overline{U}_b + \overline{U}_s$ wird durch einen Strom über den Widerstand R abgebaut, und es gilt

$$U_{BE2}(t) = (-2\overline{U}_b + \overline{U}_s)\, e^{-\frac{t}{RC}} + \overline{U}_b. \qquad (45.12)$$

Wenn $U_{BE2}(t)$ in die Nähe von $\overline{U}_s$ kommt, beginnt Tr 2 wieder zu leiten. Die Kollektorspannung an Tr 2 sinkt auf den Wert Null, Tr 1 wird gesperrt und der Ausgangszustand ist wieder erreicht.[1]) Die Breite des Ausgangsimpulses t_w, vgl. Abb. 45.7, läßt sich gemäß Gl. (45.12) durch R und C regeln. Für den Fall $\overline{U}_s \ll \overline{U}_b$ ergibt sich näherungsweise

$$t_w = 0{,}7\, RC. \qquad (45.13)$$

Der Widerstand R kann nicht beliebig groß gewählt werden. Sein maximaler Wert wird durch den Basisstrom bestimmt, der notwendig ist, um den Transistor Tr 2 gerade noch im Sättigungszustand (s. o.) zu halten:
Aus

$$\overline{I}_B R = \overline{U}_b - \overline{U}_s \approx \overline{U}_b \qquad (45.14)$$

und

$$I_{C\text{sätt}} = B_{\text{sätt}}\, \overline{I}_B \leqq B \overline{I}_B \qquad (45.15)$$

(B = Großsignalverstärkung in Emitterschaltung unterhalb der Sättigung; in Sättigung hängt diese Größe ($B_{\text{sätt}}$) stark von $\overline{I}_B$ ab) folgt

$$R \leqq \frac{B\overline{U}_b}{I_{C\text{sätt}}}. \qquad (45.16)$$

[1]) Das gilt aber noch nicht für die Kollektorspannung von Tr1, da hierfür erst wieder der Kondensator C über R_{C1} (und den vernachlässigbar kleinen Widerstand der Basis-Emitter-Diode von Tr2) aufgeladen werden muß.

Beim *astabilen* oder freischwingenden Multivibrator werden beide Gleichspannungskopplungen des Flip-Flop durch *RC*-Glieder ersetzt. Damit ergibt sich eine Schaltung gemäß Abb. 45.8. Die Wirkungsweise für jede der

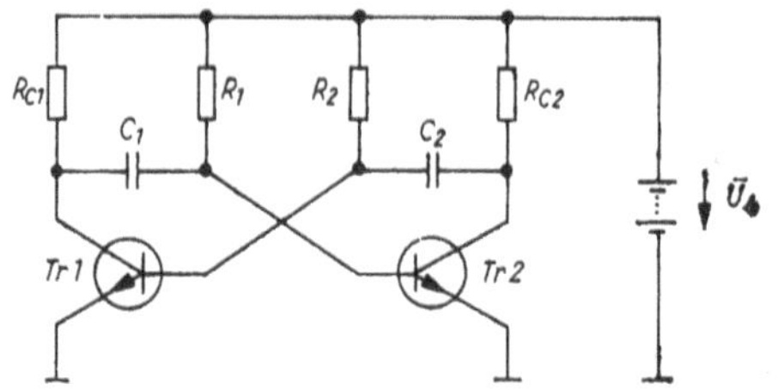

Abb. 45.8. Astabiler Multivibrator

beiden Schaltperioden entspricht der des eben beschriebenen monostabilen Multivibrators, so daß man gemäß Gl. (45.13) eine Impulsfolgefrequenz

$$f = \frac{1}{t_{w1} + t_{w2}} = \frac{1}{0{,}7(R_1C_1 + R_2C_2)} \qquad (45.17)$$

erhält.

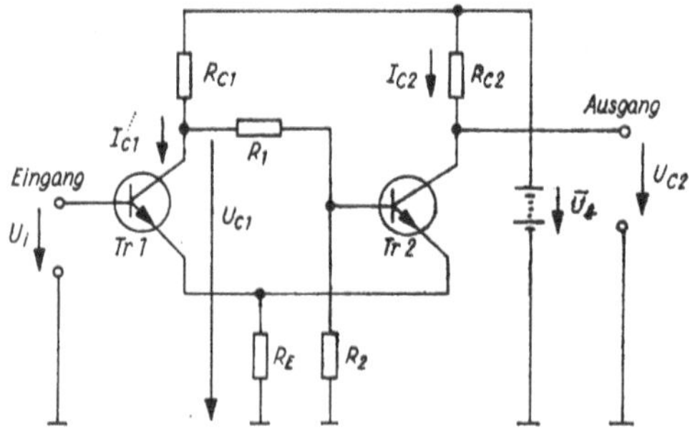

Abb. 45.9. SCHMITT-Trigger (Amplitudendiskriminator)

Bei der als SCHMITT-*Trigger* bezeichneten Schaltung (vgl. Abb. 45.9) handelt es sich um einen Amplitudendiskriminator. Das heißt, es gibt zwei stabile Lagen; welche der beiden aber eingenommen wird, hängt von der Größe einer äußeren Spannung U_i ab. Wenn U_i kleiner als ein bestimmter Wert U_{i0} ist $\left(U_{i0} \approx \frac{R_2}{R_{C1} + R_1 + R_2} \overline{U}_b\right)$, dann befindet sich Tr 1 im gesperrten Zustand. Es gilt für $R_{C1} \ll R_1 + R_2$

$$U_{C1} = \overline{U}_b, \tag{45.18}$$

und der Strom durch den Spannungsteiler R_1, R_2 hält Tr 2 leitend:

$$U_{C2} = \overline{U}_b - I_{C2}R_{C2}. \tag{45.19}$$

Für $U_i > U_{i0}$ beginnt der Transistor Tr 1 zu leiten (vgl. Abb. 45.10). Die geringe Kollektorspannung

$$U_{C1} = \overline{U}_b - I_{C1}R_{C1} \tag{45.20}$$

hält Tr 2 über den Spannungsteiler R_1, R_2 im gesperrten Zustand, da der Emitter von Tr 2 durch den Spannungsabfall I_{C1} R_E an R_E positiv vorgespannt ist.

Für die Ausgangsspannung gilt jetzt

$$U_{C2} = \overline{U}_b. \tag{45.21}$$

Der Übergang von dem einen zum anderen Zustand (die durch die beiden Gln. (45.19) und (45.21) gekennzeichnet sind) erfolgt nahezu sprunghaft, weil R_E eine positive Rückkopplung während des Umschaltens bewirkt.

Abb. 45.10 zeigt das Verhalten des Schmitt-Triggers. Das Umschalten in den nichtleitenden Zustand des Transistors Tr 1 erfolgt, wie sich zeigen läßt, bei einer niedrigeren Spannung (U_{i1}) als U_{i0}. Diese Erscheinung wird als Hysterese bezeichnet.

Zur Verbesserung der Flankensteilheit der beim Flip-Flop, beim Univibrator und beim Schmitt-Trigger entstehenden Sprungspannungen müssen die ohmschen Spannungsteiler (z. B. in Abb. 45.9 R_1, R_2) gemäß Abb. 45.5*b* mit Kondensatoren beschaltet werden.

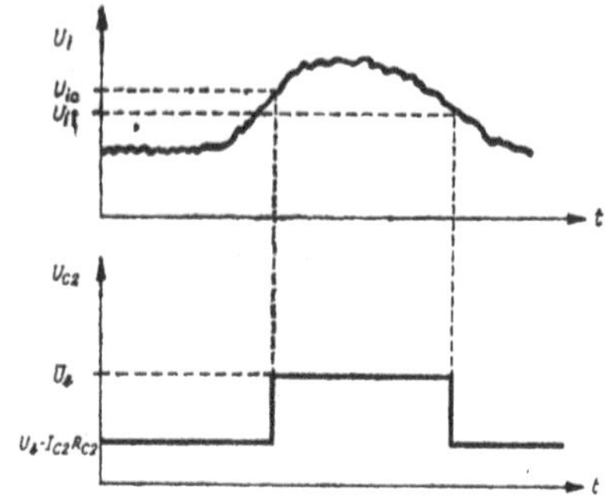

Abb. 45.10. Verhalten eines SCHMITT-Triggers

46. Spezifische Eigenschaften von Feldeffekttransistoren

Der Sperrschicht- (oder pn-) Feldeffekttransistor wird in zunehmendem Maße durch die Isolierschicht-Feldeffekttransistoren (Igfet = Isolated gate field effect transistor) abgelöst, deren häufigste Ausführungsformen die sog. MOS-Feldeffekt-Transistoren oder Mosfets (Metal oxide surface field effect transistor) sind.

Abb. 46.1 zeigt den prinzipiellen Aufbau und die Schaltzeichen.

Im Normalfall wird die Polarität der anzulegenden Spannungen gemäß Tab. 46.1 gewählt. Die häufigste Anwendung finden der n-Kanal-Verarmungs-Mosfet und der p-Kanal-Anreicherungs-Mosfet. Kennlinienfelder typischer Exemplare sind in Abb. 46.2 dargestellt.

Die zugehörigen Grenzwerte und Vierpolparameter enthält Tabelle 46.2.

Ein wesentliches Merkmal der Feldeffekttransistoren ist ihr sehr hoher Eingangswiderstand ($\geqq 10^{12}\,\Omega$) bei niedrigen Frequenzen, wodurch sie in ihrem elektronischen Verhalten mehr der Elektronenröhre als dem bipolaren Transistor ähneln.

Digitalschaltungen mit Feldeffekttransistoren werden überwiegend in integrierter Technik hergestellt (vgl.

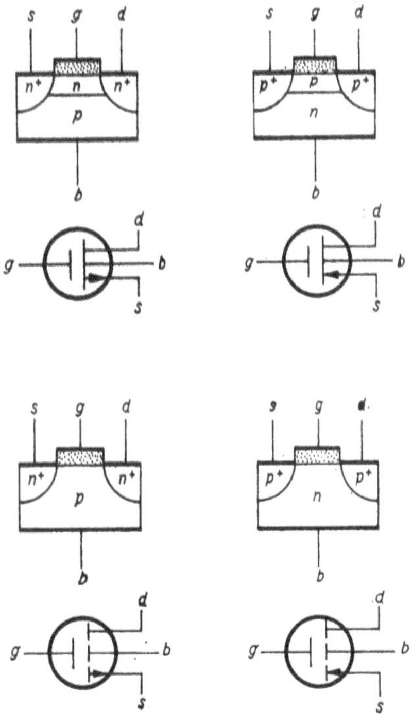

Abb. 46.1. Schaltzeichen für Mosfets
(*s* = source = Quelle, *g* = gate = Gatter, *d* = drain = Abzug, *b* = bulk = Substrat).
Die oberen Schaltzeichen kennzeichnen jeweils den leitfähigkeitsgesteuerten Typ (= Verarmungstyp), die unteren den inversionsgesteuerten Mosfet (= Anreicherungstyp). International ist es auch üblich, den Pfeil am Anschluß *s* durch einen mit entgegengesetzter Richtung am Anschluß *b* zu zeichnen

Tabelle 46.1. Vorzeichen der Spannungen bei den vier Typen von Mosfets

n-Kanal Verarmungstyp (Leitfähigkeitssteuerung)	$U_{ds} > 0$	$U_{gs} \leqq 0$
n-Kanal Anreicherungstyp (Inversionssteuerung)	$U_{ds} > 0$	$U_{gs} > 0$
p-Kanal Verarmungstyp (Leitfähigkeitssteuerung)	$U_{ds} < 0$	$U_{gs} \geqq 0$
p-Kanal Anreicherungstyp (Inversionssteuerung)	$U_{ds} < 0$	$U_{gs} < 0$

Tabelle 46.2. Grenzwerte und Vierpolparameter (komplexe Elemente der Leitwertmatrix $\underline{Y}_{ik} = G_{ik} + jB_{ik}$) für einen n-Kanal-Verarmungs-Mosfet (SM 103) und einen p-Kanal-Anreicherungs-Mosfet (SMY 50)

	SM 103	SMY 50
Gesamtverlustleistung (bei 0 ··· 25 °C)	≦ 150 mW	≦ 225 mW
Wärmewiderstand	≦ 0,7 K/mW	≦ 0,44 K/mW
maximale Kanaltemperatur	125 °C	125 °C
Maximalwerte für Strom und Spannungen	$U_{ds} < 20$ V $I_d < 15$ mA -15 V $< U_{gs} < +5$ V	$\|U_{ds}\| < 30$ V $\|I_d\| < 25$ mA -30 V $< U_{gs} <$ $+0,3$ V
Steilheit ($\underline{Y}_{21} \approx G_{21}$)	1,7 mA/V	3,6 mA/V
Eingangskapazität ($= B_{11}/\omega$)	5,5 pF	7 pF
Rückwirkungskapazität ($= -B_{12}/\omega$)	1,3 pF	≈ 2 pF
Ausgangskapazität ($= B_{22}/\omega$)	2,8 pF	≈ 4 pF
Ausgangsleitwert ($= G_{22}$)	0,15 mA/V gültig in Sourceschaltung für 25 °C, $U_{ds} = 8$ V, $U_{gs} = 0$ V, 1 MHz	0,1 mA/V gültig in Sourceschaltung für 25 °C, $U_{ds} = U_{gs} = -10$ V, 100 kHz

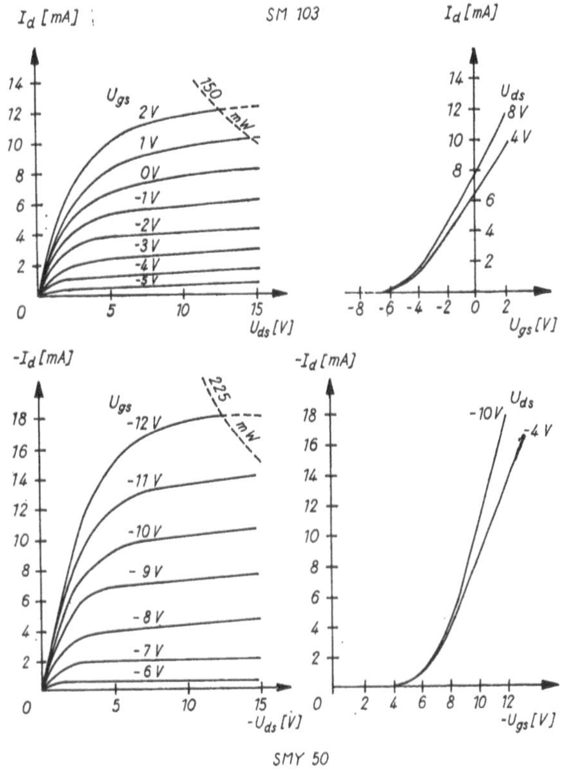

Abb. 46.2. Kennlinienfelder für einen n-Kanal-Verarmungs-Mosfet (SM 103) und einen p-Kanal-Anreicherungs-Mosfet (SMY 50)

Abschn. 47.) und deshalb hier nicht weiter behandelt. Bei den Analogschaltungen kommen vor allem die in Tab. 46.3 angeführten Eigenschaften zum Tragen.

Als erstes Beispiel für die Anwendung von Feldeffekttransistoren soll ein Impedanzwandler behandelt werden. Die einfachste Schaltung zeigt Abb. 46.3. Wegen des hohen Gate-Source-Widerstandes für niedrige Frequenzen

Tabelle 46.3. Charakteristische Eigenschaften elektronischer Analogschaltungen mit Feldeffekttransistoren

Verstärker für niedrige Frequenzen ($\leq$ 1 MHz)
- sehr hoher Eingangswiderstand
- geringes Rauschen bei hohen Signalquellenwiderständen
- durch günstige Wahl des Arbeitspunktes sehr kleine Temperaturdrift des Drainstromes realisierbar

Hochfrequenzverstärker (1 MHz bis einige 100 MHz
- noch relativ hoher Eingangswiderstand, vergleichbar (auch in der Frequenzabhängigkeit) mit der Elektronenröhre
- größerer Aussteuerbereich (ca. ± 1 V) als der bipolare Transistor (ca. ± 10 mV) bei vorgegebener maximal zulässiger Verzerrung
- geringere Steilheit (ca. 1···10 mA/V) im Vergleich zum bipolaren Transistor (ca. 20···100 mA/V)
- bei speziellen Bauelementen (Doppel-Gate-MOSFET) sehr niedrige Rückwirkungskapazität (herab bis zu 0,02 pF)

Sinuswellengeneratoren
- geringe Bedämpfung des Schwingkreises durch den Transistor
- gute Frequenzstabilität wegen der geringen Abhängigkeit der Transistorkapazitäten vom Arbeitspunkt

Anwendung als regelbarer Widerstand bzw. Schalter
- lineare Abhängigkeit des Drainstromes von der Drain-Source-Spannung (d. h. konstanter Kanalwiderstand) für kleine positive und negative Werte
- leistungslose Steuerung des Kanalwiderstandes in weiten Bereichen (100 Ω bis 100 MΩ) mit der Gate-Source-Spannung (vgl. Abb. 46.6*b*)

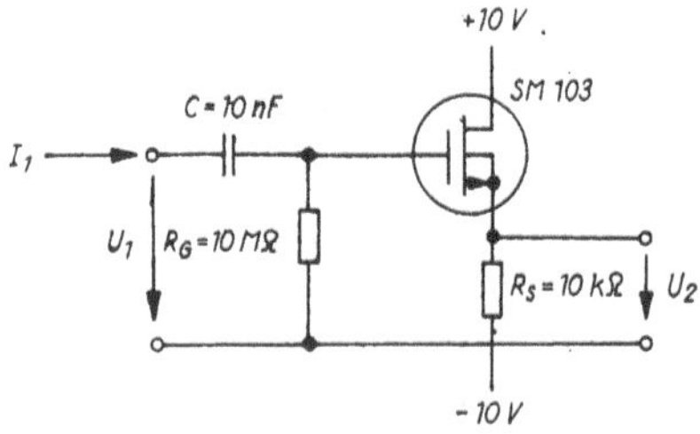

Abb. 46.3. Einfacher Impedanzwandler

ist der Eingangswiderstand $\underline{U}_1/\underline{I}_1$ gleich dem Gate-Ableitwiderstand R_G (10 MΩ).

Einer Erhöhung des Eingangswiderstands durch Vergrößerung von R_G sind Grenzen dadurch gesetzt, daß der Ankoppelkondensator C stets einen endlichen Isolationswiderstand besitzt, der zusammen mit R_G als Spannungs-

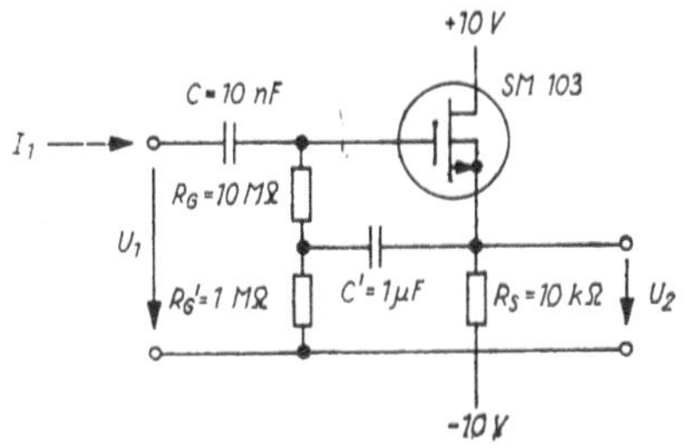

Abb. 46.4. Impedanzwandler mit Gegenkopplung („bootstrap"-Schaltung)

teiler wirkt und den Arbeitspunkt unkontrolliert verschieben kann. Außerdem sind hohe Widerstände ($R_G > 100$ MΩ) störanfällig. Deshalb verwendet man die in Abb. 46.4 dargestellte Gegenkopplungsschaltung.

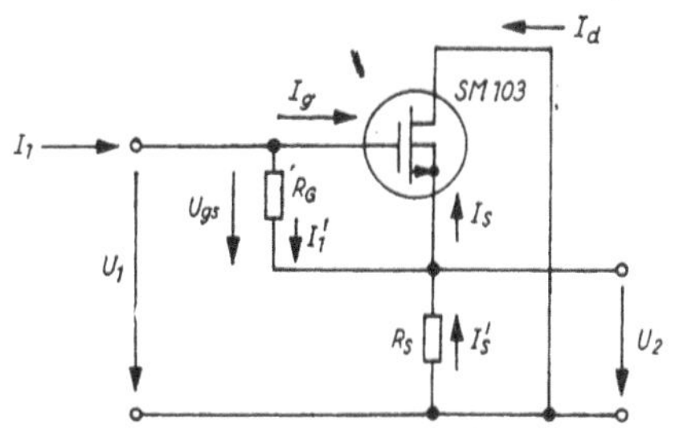

Abb. 46.5. Wechselstromersatzschaltbild zu Abb. 46.4

Da die Kondensatoren C und C' für Wechselspannungen als Kurzschluß wirken, ergibt sich das in Abb. 46.5 gezeigte Wechselstromersatzschaltbild. Die Vierpolgleichungen des

Transistors lauten damit

$$\begin{aligned} \underline{I}_g &= \underline{Y}_{11}\underline{U}_{gs} + \underline{Y}_{12}R_s\underline{I}_s', \\ \underline{I}_d &= \underline{Y}_{21}\underline{U}_{gs} + \underline{Y}_{22}R_s\underline{I}_s', \end{aligned} \tag{46.1}$$

und mit den Beziehungen

$$\begin{aligned} \underline{I}_1 &= \underline{I}_g + \underline{I}_1', \\ \underline{I}_s' &= \underline{I}_s - \underline{I}_1', \\ \underline{I}_d &= -\underline{I}_s - \underline{I}_1, \\ \underline{U}_1 &= \underline{U}_{gs} - R_s\underline{I}_s', \\ \underline{U}_{gs} &= \underline{I}_1'R_G \end{aligned} \tag{46.2}$$

folgt nach einer elementaren Umrechnung für den Eingangswiderstand

$$\underline{Z}_i = \frac{\underline{U}_1}{\underline{I}_1}$$

$$= \frac{1 + R_s\left(\underline{Y}_{11} + \underline{Y}_{12} + \underline{Y}_{21} + \underline{Y}_{22} + \dfrac{1}{R_G}\right)}{(1 + R_s\underline{Y}_{22})\left(\underline{Y}_{11} + \underline{Y}_{12} + \dfrac{1}{R_G}\right) - \underline{Y}_{12}(1 + R_s\underline{Y}_{21} + R_s\underline{Y}_{22})}. \tag{46.3}$$

Unter Berücksichtigung der Vernachlässigungen

$$\underline{Y}_{12} = 0; \; \underline{Y}_{11} \ll \frac{1}{R_G}; \; R_G \gg R_s \tag{46.4}$$

ergibt sich schließlich

$$\underline{Z}_i = R_G \frac{1 + R_s(\underline{Y}_{21} + \underline{Y}_{22})}{1 + R_s\underline{Y}_{22}}. \tag{46.5}$$

Die Werte gemäß Abb. 46.4 und das Kennlinienfeld Abb. 46.2 liefern für den Arbeitspunkt

$$\overline{U}_{ds} = 6\,\text{V}; \; \overline{U}_{gs} = -4\,\text{V}; \; \overline{I}_d = 1{,}4\,\text{mA}. \tag{46.6}$$

Begnügt man sich mit dem Niederfrequenzverhalten der Schaltung, dann lassen sich die in Gl. (46.5) benötigten Leitwertparameter des Transistors einfach aus dem Kennlinienfeld im Arbeitspunkt entnehmen. Gemäß Definition gilt für den Ausgangsleitwert

$$Y_{22} \approx \left(\frac{\Delta I_{\text{d}}}{\Delta U_{\text{ds}}}\right)_{U_{\text{gs}}} \approx 0{,}05\ \text{mA/V} \qquad (46.7)$$

und für die Steilheit

$$Y_{21} \approx \left(\frac{\Delta I_{\text{d}}}{\Delta U_{\text{gs}}}\right)_{U_{\text{ds}}} \approx 1\ \text{mA/V}. \qquad (46.8)$$

Durch Einsetzen dieser Werte in Gl. (46.5) erhält man

$$\underline{Z}_{\text{i}} = R_{\text{G}} \frac{1 + 10^4 \cdot 10^{-3}}{1 + 10^4 \cdot 5 \cdot 10^{-5}} \approx 7{,}3\ R_{\text{G}}. \qquad (46.9)$$

Eine weitere Vergrößerung von $\underline{Z}_{\text{i}}$ ist gemäß Gl. (46.5) durch Verwendung höherer Widerstandswerte für R_{s} bis zur Erreichung des Grenzwertes

$$\underline{Z}_{\text{igr}} = R_{\text{G}} \underline{Y}_{21} / \underline{Y}_{22} \qquad (46.10)$$

möglich. Dabei tritt aber folgende Schwierigkeit auf. Der wachsende Spannungsabfall an R_{s} erfordert immer höhere negative Betriebsspannungen, um den Arbeitspunkt konstant zu halten. Deshalb wird der Widerstand R_{s} oft durch einen bipolaren Transistor mit hohem (Wechselstrom-) Ausgangswiderstand ersetzt (vgl. Abb. 43.9, $I_{\text{C}} - U_{\text{CB}}$-Kennlinienfeld).

Ein weiteres Anwendungsbeispiel für Feldeffekttransistoren zeigt Abb. 46.6. Durch Anlegen einer Wechselspannung geeigneter Größe zwischen Gate und Source (U_{gs}) ändert sich der Kanalwiderstand R_{ds} in sehr weiten Bereichen (Abb. 46.6b). Die dadurch bewirkte Änderung

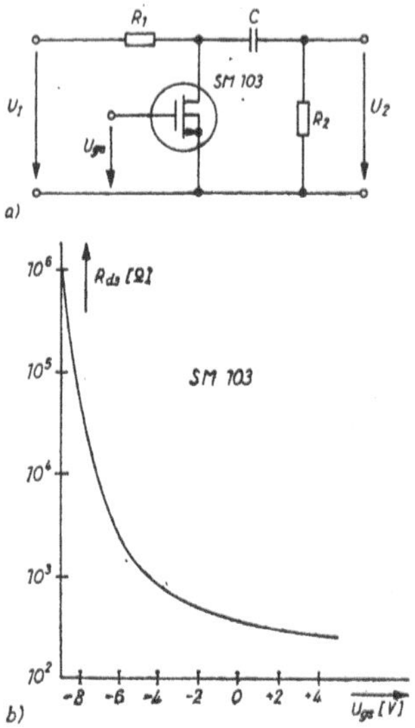

Abb. 46.6. Zerhackerschaltung (*a*) und Abhängigkeit des Kanalwiderstandes R_{ds} von U_{gs} (*b*)

des Spannungsteilerverhältnisses

$$V = \frac{U_2}{U_1} = \frac{R_2 \parallel R_{ds}}{R_1 + R_2 \parallel R_{ds}} \tag{46.11}$$

moduliert die Ausgangsspannung des Vierpols, die je nach Art der Eingangsspannung U_1 eine zerhackte Gleich- oder sogar hochfrequente Wechselspannung sein kann. Statt des Widerstandes R_1 läßt sich auch vorteilhaft ein zweiter, aber gegensinnig gesteuerter Feldeffekttransistor verwenden.

47. Elektronische Baugruppen

Der experimentell tätige Physiker wird in zunehmendem Maße bei der Realisierung von Meßaufgaben auf *elektronische Baugruppen* zurückgreifen und diese in geeigneter Weise kombinieren. Baugruppen können entweder in konventioneller Technik (aus diskreten Bauelementen zusammengesetzt), in Filmtechnik (Hybridtechnik) oder in integrierter Halbleitertechnik (vgl. Abschn. 42.) ausgeführt sein. Im folgenden beschränken wir uns zunächst auf die letztgenannte Technik, da ihr in Zukunft die größte Bedeutung zukommt.

Bei Digitalschaltungen (s. u.) dominiert heute schon die integrierte Halbleitertechnik, während Analogschaltungen noch in den verschiedensten Ausführungsformen gefertigt werden. *Digitalschaltungen* sind dadurch gekennzeichnet, daß die Information in der ja—nein-Form übertragen wird. Die Grundschaltungen sind das „Und-Gatter" (= Koinzidenzschaltung), das „Oder-Gatter" und der „Negator" (= Umkehrstufe, Inverter). Bei der Darstellung der Funktionen in Tab. 47.1 bedeutet die Null kein oder ein kleines Signal („nein") und das L ein Signal („ja") an der betreffenden Elektrode gegenüber der nicht gezeichneten Nulleitung (vgl. z. B. Tab. 47.3). Allgemein gilt für beliebig viele Eingänge (a, b, c, . . .), daß beim Und-Gatter der Ausgang (x) nur dann ein Signal abgibt, wenn *alle* Eingänge ein Signal empfangen. Das Oder-Gatter liefert ein Ausgangssignal, wenn mindestens ein Eingang ein Signal erhält.

Tabelle 47.1. Logische Grundschaltungen

Bezeichnung	Schaltzeichen	Funktion
Und-Gatter	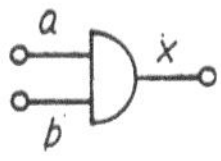 	Eingänge $\begin{cases} a & 0\ 0\ L\ L \\ b & 0\ L\ 0\ L \end{cases}$ Ausgang x 0 0 0 L Konjunktion: $x = a \wedge b$

Tabelle 47.1 (Fortsetzung)

Bezeichnung	Schaltzeichen	Funktion
Oder-Gatter	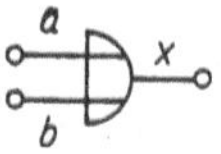	Eingänge { a 0 0 L L { b 0 L 0 L Ausgang x 0 L L L Disjunktion: $x = a \vee b$
Negator	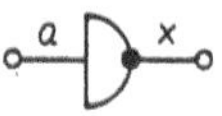	Eingang a 0 L Ausgang x L 0 Negation: $x = \bar{a}$

Die Kombination von Negator und Und-Gatter liefert das NAND-Gatter und die von Negator und Oder-Gatter das NOR-Gatter, die in Tab. 47.2 dargestellt sind. Diese beiden Schaltglieder werden von der Industrie vorwiegend

Tabelle 47.2. NAND und NOR

Bezeichnung	Schaltzeichen	Funktion
NAND-Gatter	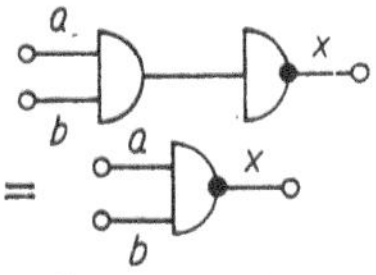	Eingänge { a 0 0 L L { b 0 L 0 L Ausgang x L L L 0 NAND: $x = \overline{a \wedge b}$
NOR-Gatter	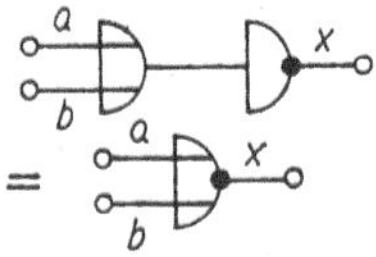	Eingänge { a 0 0 L L { b 0 L 0 L Ausgang x L 0 0 0 NOR: $x = \overline{a \vee b}$

in integrierter Halbleitertechnik angeboten. Sie bilden außerdem meist auch die Grundlage für kompliziertere technisch gefertigte Baugruppen.

Die Digitalschaltungen lassen sich nach der Technologie, in der die Gatter aufgebaut sind, in folgende Gruppen einteilen [K 1], [S 1]:

RTL-Bausteine Widerstands-Transistor-Logik mit bipolaren Transistoren (veraltet),

DTL-Bausteine Dioden-Transistor-Logik mit bipolaren Transistoren (weitgehend veraltet),

TTL-Bausteine Transistor-Transistor-Logik mit bipolaren Transistoren (gegenwärtige Standardreihe),

ECL-Bausteine Emittergekoppelte Logik mit bipolaren Transistoren (sehr kleine Schaltzeiten, ca. 1 ns),

MOS-Bausteine Transistor-Logik mit MOS-Feldeffekt-Transistoren (relativ große Schaltzeiten, ca. 100 ns, aber hoher Integrationsgrad möglich).

Charakteristische Beispiele für die drei letztgenannten Gruppen findet man in Tab. 47.3.

Tabelle 47.3. Charakteristische Beispiele für Schaltkreise in TTL-, ECL- und MOS-Technik

D 100 C (HFO, DDR) entspr. FLH 101 (Siemens, BRD) oder SN 7400 N (Texas Instr., USA)
Schaltkreis bestehend aus vier unabhängigen NAND-Gattern mit je zwei Eingängen in TTL-Technik

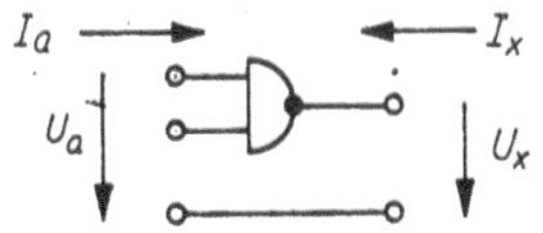

Betriebsspannung:	(5 ± 0,25) V	
Stromaufnahme: (pro Gatter)	≦ 22 mA	
Eingang:	0:	U_a = 0⋯0,8 V
	L:	U_a = 2⋯5 V

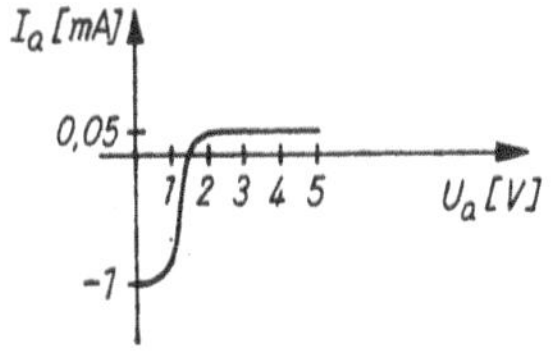

Ausgang: 0: $U_x \leqq 0{,}4$ V
bei einer Einspeisung mit dem maximal zulässigen Strom $I_x \approx 10$ mA (entspricht der Anschaltung von 10 Eingängen)
L: $U_x \geqq 2{,}4$ V
bei einer Belastung mit $I_x \approx -0{,}5$ mA (entspricht der Anschaltung von 10 Eingängen)

Einschaltverzögerungszeit ca. 15 ns

Ausschaltverzögerungszeit ca. 15 ns

mittlere Anstiegszeit ca. 10 ns

1 ЛЪ 382 (UdSSR) entspr. FYH 124 (Siemens, BRD) oder CD 2150 (RCA, USA)
Schaltkreis bestehend aus zwei unabhängigen NOR-(oder ODER-) Gattern mit je vier Eingängen in ECL-Technik

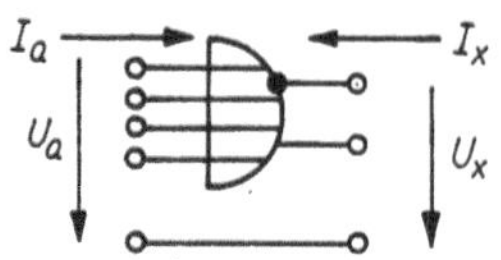

(In der Zeichnung bedeuten U_x und I_x die Spannung und den Strom für NOR-Betrieb, der ODER – Ausgang ist unbenutzt)

Betriebsspannung: $(-5 \pm 0{,}25)$ V

Stromaufnahme: (pro Gatter) < 30 mA

Eingang: 0: $U_a \leqq -1{,}4$ V
L: $U_a \geqq -1$ V
I_a in beiden Fällen $< 200\,\mu$A

Ausgang: 0: $U_x = -1{,}5 \cdots -1{,}8$ V
L: $U_x = -0{,}7 \cdots -0{,}9$ V

Hier können maximal 25 Eingänge angeschaltet werden. („Lastfaktor" 25)

Einschaltverzögerungszeit ca. 3 ns

Ausschaltverzögerungszeit ca. 3 ns

mittlere Anstiegszeit ca. 3 ns

U 106 D (FWE, DDR) entspr. GDH 126 (Siemens, BRD) oder MEM 1013 (Transitron, USA)
Schaltkreis bestehend aus vier unabhängigen NOR-Gattern mit je zwei Eingängen in MOS-Technik

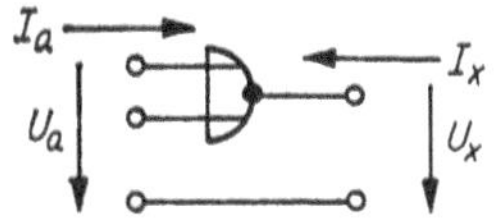

Betriebsspannungen:	(-27 ± 1) V	
	(-13 ± 1) V	
Stromaufnahmen: (pro Gatter)	$< 0{,}8$ mA	
Eingang:	0:	$U_a = 0 \cdots -2$ V
	L:	$U_a = -10 \cdots -20$ V
	I_a	in beiden Fällen $< 5\ \mu$A
Ausgang:	0:	$U_x = -0{,}2 \cdots -0{,}5$ V
	L:	$U_x = -11 \cdots -13$ V
	Belastung maximal 120 μA	

Einschaltverzögerungszeit ca. 200 ns

Ausschaltverzögerungszeit ca. 200 ns

mittlere Anstiegszeit ca. 100 ns

Aus den in Tab. 47.3 dargestellten Daten geht hervor, daß die Schaltkreise zunächst nur für eine Zusammenschaltung untereinander vorgesehen sind. Zur Anschaltung systemfremder Kreise (Glühlampe, Relais, Transistorverstärker usw.) muß man entweder das Kennlinienfeld der Ausgangsklemmen zugrunde legen oder spezielle Schaltkreise verwenden. Bei der TTL-Technik wird z. B. der Typ D 103 C (HFO, DDR) entspr. FLH 291 (Siemens, BRD) oder SN 7403 N (Texas Instr., USA) angeboten, der eingangsseitig analog zum D 100 C aufgebaut ist, bei dem aber die vier Ausgangsklemmen direkt mit dem Kollektor je eines entsprechend angesteuerten Transistors verbunden sind. Da dieser Kollektor innerhalb des Schaltkreises keine weiteren Verbindungen besitzt, spricht man von einem „offenen“ Ausgang.

Wichtige Bausteine der Digitaltechnik sind die sog. Flip-Flops, die aus der Kombination von NAND- oder NOR-Gattern bestehen. Im Prinzip gibt es drei Gruppen: Die RS-, die JK- und die D-Flip-Flops.

Beim RS-Flip-Flop (vgl. Abb. 47.1) wird von der Stellung $S = \mathrm{L}$ und $R = \mathrm{L}$ ausgegangen. Die Umschaltung von S auf 0 erzwingt $Q = \mathrm{L}$ und $\bar{Q} = 0$. Dieser Zustand bleibt auch erhalten, wenn S wieder auf L zurückspringt. Entsprechend führt die Umschaltung von R auf 0 zu $Q = 0$ und $\bar{Q} = \mathrm{L}$ (auch dies bleibt beim Rückschalten

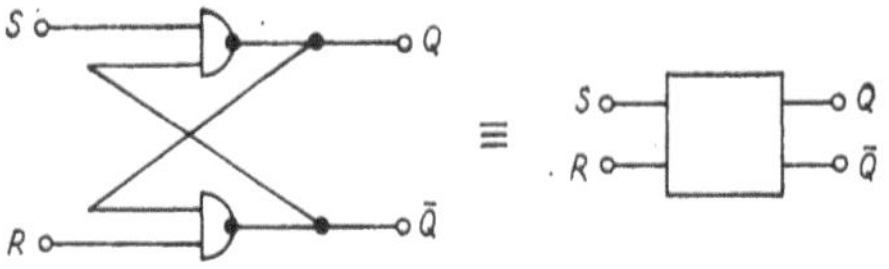

Abb. 47.1. RS – Flip-Flop

erhalten). Die gleichzeitige Umschaltung von S und R ist verboten. Man bezeichnet deshalb eine Änderung von S als Setzen und die von R als Rücksetzen.

Beim JK-Flip-Flop (vgl. Abb. 47.2) wird an den Klemmen J und K (Vorbereitungseingänge) mit den Stellungen 0 bzw. L die Verhaltensweise des Flip-Flops

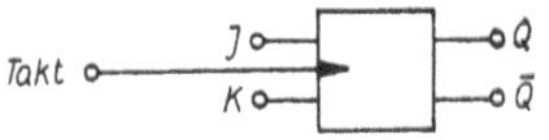

Abb. 47.2. JK – Flip-Flop

in bezug auf einen Impuls auf der Taktleitung eingestellt:

$J = 0$, $K = 0$: keine Änderung bei Q, $\bar{Q}$,

$J = \mathrm{L}$, $K = 0$: Q wird L, und $\bar{Q}$ wird 0 („Setzen" des Flip-Flop),

$J = 0$, $K = \mathrm{L}$: Q wird 0, und $\bar{Q}$ wird L („Rücksetzen" des Flip-Flop),

$J = \mathrm{L}$, $K = \mathrm{L}$: Änderung von Q und $\bar{Q}$ bei jedem Impuls (übliches Flip-Flop, vgl. Abschn. 45.2).

Abb. 47.3 zeigt das sog. D-Flip-Flop. An der D-Klemme wird eine bestimmte Information (0 oder L) eingestellt. Diese Information führt aber erst (wie beim JK-Flip-Flop) zu einer bestimmten Stellung an den Ausgängen Q und $\bar{Q}$, wenn auf der Taktleitung ein Impuls erscheint:

$D = 0$ gibt bei und nach einem Impuls auf der Taktleitung $Q = 0$ und $\bar{Q} = \mathrm{L}$,

$D = \mathrm{L}$ gibt bei und nach einem Impuls auf der Taktleitung $Q = \mathrm{L}$ und $\bar{Q} = 0$.

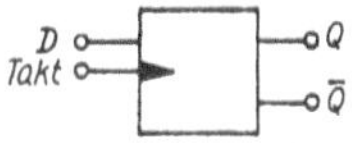

Abb. 47.3. D – Flip-Flop

Der Aufbau und die Dimensionierung von *Analogschaltungen* werden wesentlich durch die Integrationsfähigkeit der verschiedenen Bauelemente bestimmt. Gut geeignet sind Dioden, Transistoren und Widerstände bis zu einigen Kiloohm. Schlecht lassen sich größere Widerstände und Kapazitäten von 0 bis ca. 100 pF integrieren, während spannungsunabhängige Induktivitäten und größere spannungsunabhängige Kapazitäten in integrierten Schaltkreisen gar nicht zu realisieren sind. Eine zweite Besonderheit integrierter Analogschaltungen besteht darin, daß nur geringe Leistungen (meist unter 1 W) verarbeitet und abgegeben werden können, da die kleinen geometrischen Abmessungen die Wärmeableitung erschweren.

Im folgenden werden drei typische Beispiele für Analogschaltungen mit unterschiedlichem Integrationsgrad behandelt.

Der dreistufige Verstärker TAA 151 (Siemens, BRD), entsprechend MAA 325 (Tesla, CSSR), der in Abb. 47.4 dargestellt ist, besitzt einen nur geringen Integrationsgrad. Er kann durch geeignete Außenbeschaltung in verschiedenen Varianten zur Anwendung kommen, eine Behandlung als „black box“ ist aber noch nicht möglich. Eine einfache Anwendung (Meßschaltung) zeigt Abb. 47.5.

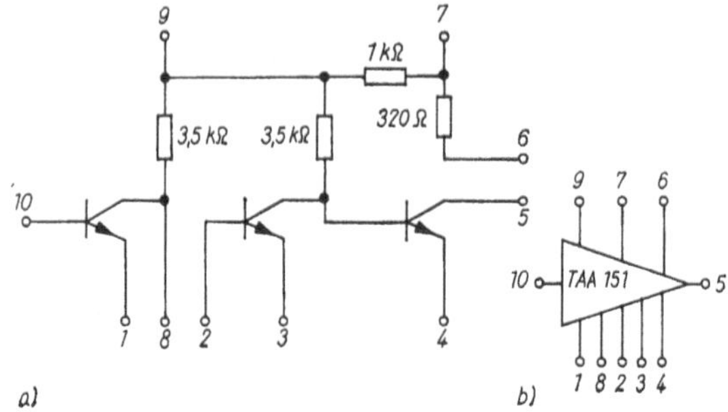

Abb. 47.4. Integrierter dreistufiger Verstärker: *a*) Schaltbild, *b*) Kurzzeichen

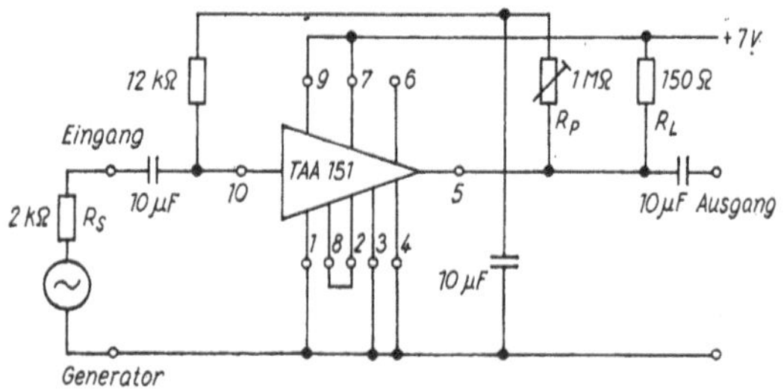

Abb. 47.5. Integrierter dreistufiger Verstärker (vgl. Abb. 47.4) mit Außenbeschaltung

Die technischen Daten sind: Spannungsverstärkung größer als 3000, obere Grenzfrequenz ca. 600 kHz, maximale Ausgangswechselspannung 1 V (bei einem Klirrfaktor $< 5\%$).

Einen höheren Integrationsgrad weist der Hochfrequenzverstärker TAA 981 (Siemens, BRD) entspr. A 281 D (HFO, DDR) auf. Hier ist die Kenntnis der Innenschaltung nicht erforderlich, die notwendige Außenbeschaltung wird vom Hersteller vorgegeben (vgl. Abb. 47.6).

Die Resonanzfrequenz hängt von der Dimensionierung des Schwingkreises ab, sie muß aber kleiner als 15 MHz sein. Die Spannungsverstärkung beträgt maximal ca. 20000 und läßt sich durch eine Gleichspannung (0 bis —1 V) an der Klemme 3 regeln.

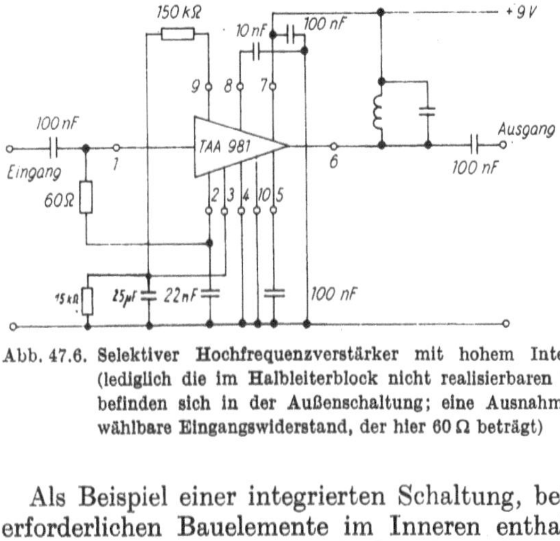

Abb. 47.6. **Selektiver Hochfrequenzverstärker mit hohem Integrationsgrad (lediglich die im Halbleiterblock nicht realisierbaren Bauelemente befinden sich in der Außenschaltung; eine Ausnahme bildet der wählbare Eingangswiderstand, der hier 60 Ω beträgt)**

Als Beispiel einer integrierten Schaltung, bei der alle erforderlichen Bauelemente im Inneren enthalten sind („fertige" black box), wird der Operationsverstärker A 109 C (HFO, DDR) vorgestellt. Abb. 47.7 zeigt das Kurzzeichen.

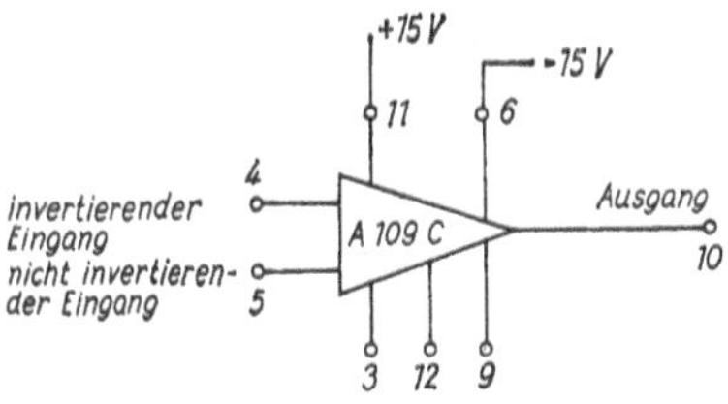

Abb. 47.7. **Vollständig integrierter Operationsverstärker. Die Klemmen 3, 9 und 12 können zur Beeinflussung des Frequenzganges beschaltet werden (Invertieren heißt Vorzeichenumkehr der Verstärkung)**

Die technischen Daten sind: Spannungsverstärkung ca. 45000, Grenzfrequenz 200 kHz, maximale und minimale Ausgangsspannung ± 14 V, scheinbare Änderung der Eingangsspannung durch Temperaturschwankungen: ca. 10 μV K^{-1}.

In der folgenden Tabelle sind typische technische Daten von elektronischen Baugruppen nach dem gegenwärtigen Stand, d. h. unter Einschluß der konventionellen Technik, der Filmtechnik und integrierter Schaltkreise dargestellt.

Tabelle 47.4. Typische technische Daten kommerzieller elektronischer Baugruppen

1. Netzbausteine

1.1. Ungeregelte Bausteine für Gleichspannungsversorgung

Eingangsspannung: 220 V einphasig bis zu 100 W···1 kW Ausgangsleistung; 3 × 220 V Drehstrom bei größeren Leistungen
Ausgangsstrom: 1 mA···10 A
Ausgangsspannung: 1 V··· 1 kV
(···20 kV bei Strömen bis ca. 10 mA)
Innenwiderstand: 0,1···100 Ω
(···10 kΩ bei Hochspannungsversorgungsgeräten kleiner Leistung)
Brummspannung: 10 mV···10 V

1.2. Geregelte Bausteine für Gleichspannungs- bzw. Gleichstromversorgung

Eingangsspannung: wie bei 1.1
Ausgangsstrom: wie bei 1.1
Ausgangsspannung: wie bei 1.1
Innenwiderstand: 1 mΩ···1 Ω
(···10 Ω bei Hochspannungsversorgung)
Brummspannung: 0,1···10 mV
Regelfaktor bei Änderungen der Eingangsspannung: $10^2 \cdots 10^4$
Verhalten bei Überlast: entweder elektronische Sicherung (Abschalten der Ausgangsspannung bei zu großem Laststrom nach 100 µs···10 ms) oder elektronische Strombegrenzung (Toleranz bis zu 10^{-4}, Anwendungsmöglichkeit als Konstantstromquelle)

1.3. Bausteine zur Erzeugung von Referenzspannungen

Eingangsspannung: 220 V ~ oder verschiedene Gleichspannungen
Ausgangsspannung: 1···40 V
Toleranz der Ausgangsspannung: $10^{-6} \cdots 10^{-4}$
Temperaturkoeffizient der Ausgangsspannung: $10^{-6} \cdots 5 \cdot 10^{-5}$ K^{-1}
Ausgangsbelastung (konstant): 0,01···1 mA

2. *Verstärkerbausteine*

2.1. *Gleichspannungsverstärker*

2.1.1. *Direkte Gleichspannungsverstärker, Operationsverstärker*

Eingang im allg. Differenzeingang
Eingangsspannung (für nahezu verzerrungsfreie Ausgangsspannung): 100 μV···1 V
Eingangswiderstand: 1 kΩ···1 MΩ bei Flächentransistoren; ···1 GΩ bei Feldeffekttransistoren
Verstärkung: $10^3 \cdots 10^5$ (Gegentaktverstärkung bei Differenzverstärkern)
frequenzabhängiger Rauschanteil, dividiert durch Wurzel aus der Bandbreite: 10 nV···10 μV (u. a. abhängig vom Signalgeneratorwiderstand)
Temperaturdrift: 5···50 μV K^{-1}
Drift: 1···10 μV h^{-1} bei Schaltungen mit Flächentransistoren
Grenzfrequenz: 1 kHz···10 MHz
Ausgangsspannung: 1···20 V
Ausgangswiderstand: 10 Ω···1 kΩ

2.1.2. *Indirekte Gleichspannungsverstärker*

2.1.2.1. *Zerhacker- („Chopper"-) Verstärker*

abweichend von 2.1.1.:
Drift: 0,01···1 μV h^{-1}
Temperaturdrift: vernachlässigbar
Eingangswiderstand: 10 Ω···1 kΩ

2.1.2.2. *Verstärker mit Kapazitätsdiodenmodulation*

abweichend von 2.1.1.:
Drift: 10···100 μV h^{-1}
Temperaturdrift: in Brückenschaltung kompensierbar
Eingangswiderstand: 10 MΩ···1 GΩ

2.2. *Niederfrequenz-Verstärker*

2.2.1. *Breitbandverstärker*

maximale Eingangsspannung (für Klirrfaktor < 5%): 1 mV···1 V
Eingangswiderstand: 1 kΩ···100 kΩ bei Flächentransistoren, ···10 MΩ bei Feldeffekttransistoren
Rauschzahl [P3]: 3···12 dB
Verstärkungsfaktor (in Bandmitte): $10 \cdots 10^{+5}$
relative Änderung des Verstärkungsfaktors (Temperatur- und Zeitverhalten): 0,001···1% pro h und ±10 K
(Spezialentwicklungen ··· ±40 K)

untere Grenzfrequenz: 1 Hz···100 Hz
obere Grenzfrequenz: 10 kHz···1 MHz
Innenwiderstand des Verstärkerausgangs: 10 Ω···1 kΩ
Ausgangsspannungen: 1···100 V

2.2.2. *Leistungsverstärker (breitbandige Leistungsverstärker)*

abweichend von 2.2.1.:
Innenwiderstand des Verstärkerausgangs: 0,1···10 Ω
optimale Lastwiderstände: 4···100 Ω
Nennausgangsleistungen: 1···50 W (bis zu 50 kHz obere Grenzfrequenz)
Klirrfaktor bei der Nennausgangsleistung: 0,1···10%

2.2.3. *Selektivverstärker*

abweichend von 2.2.1.:
Resonanzfrequenz: 10 Hz···100 kHz
Güte (= Resonanzfrequenz / Gesamtbandbreite): 5···500
Klirrfaktorangabe: entfällt

2.3. *Hochfrequenz-Verstärker*

2.3.1. *Breitbandverstärker*

maximale Eingangsspannung (für 5% Klirrfaktor): 1 mV···1 V
Eingangswiderstand: 50···100 Ω (für Kabelanschluß);
100 Ω···10 kΩ bei Flächentransistoren; ···1 MΩ bei Feldeffekttransistoren
Rauschzahl [P3]: 3···18 dB
Verstärkungsfaktor (in Bandmitte): $10 \cdots 10^5$
relative Änderung des Verstärkungsfaktors (Temperatur- und Zeitverhalten): 0,001···1% pro h und ±10 K
(Spezialentwicklungen bis ±40 K)
untere Grenzfrequenz: unkritisch, z. B. 1 kHz···1 MHz
obere Grenzfrequenz: 1···100 MHz (Spezialentwicklungen bis 1 GHz)
Innenwiderstand des Verstärkerausgangs: 10···100 Ω
Ausgangsspannung bei Kleinleistungs-Verstärkern: 1···20 V
Ausgangsleistung bei Leistungs-Verstärkern: 0,1···10 W
(Spezialentwicklungen bis 100 W)

2.3.2. *Selektivverstärker*

abweichend von 2.3.1.:
Resonanzfrequenz: 100 kHz···1 GHz
Güte (= Resonanzfrequenz / Gesamtbandbreite): 10···1000
(bis 10^6 bei Quarzfiltern o. ä.)
Klirrfaktorangabe: entfällt

3. *Sinuswellengeneratorenbausteine*

3.1. *Niederfrequenz-Generatoren*

Frequenzbereich: 1 Hz···100 kHz (Spezialentwicklungen ab 0,001 Hz)
Klirrfaktor: 0,1···1% (Spezialentwicklungen bis zu 0,01%)
Ausgangsspannung: 0,1···100 V
Innenwiderstand: 1 Ω···1 kΩ
(vorgeschriebener Lastwiderstand: 4 Ω···1 kΩ)
Frequenzstabilität: $10^{-4}\cdots10^{-2}$ (Spezialentwicklungen bis zu 10^{-5})
Amplitudenstabilität: $10^{-4}\cdots10^{-2}$

3.2. *Hochfrequenz-Generatoren*

Frequenzbereich: 100 kHz···1 GHz
Klirrfaktor: 0,0001···0,1%
Ausgangsspannung: 1 mV···1 V
Innenwiderstand: 10···100 Ω
(vorgeschriebener) Lastwiderstand: 50···100 Ω
(Kabelanpassung)
Frequenzstabilität von durchstimmbaren Generatoren: $10^{-5}\cdots10^{-3}$; von Festfrequenzgeneratoren: $10^{-9}\cdots10^{-3}$
(für hohe Stabilität mit Schwingquarzen)
Amplitudenstabilität: $10^{-4}\cdots10^{-2}$

4. *Impulsgeneratorenbausteine*

4.1. *Selbstschwingende Generatoren*

4.1.1. *Rechteckwellengeneratoren*

Impulsabstand: 10 ns···1 s
Impulsbreite: 10 ns···1 s
Ausgangsspannung: 1···50 V
Innenwiderstand: 10 Ω···1 kΩ
Stabilität des Impulsabstandes und der Impulsbreite: $10^{-3}\cdots10^{-2}$ für RC-Schaltungen; $10^{-7}\cdots10^{-5}$ für quarzgesteuerte Schaltungen
Anstiegs- und Abfallzeit der Impulsflanken: 5 ns···10 µs

4.1.2. *Nadelimpulsgeneratoren*

abweichend von 4.1.1:
Impulsbreite und Abfallzeit durch Differentiationszeitkonstante wählbar im Bereich 10 ns···10 µs

4.1.3. *Sägezahngeneratoren*

abweichend von 4.1.1.:
Anstiegszeit: entfällt
Abweichungen der Linearität des Spannungsanstieges: $10^{-4} \cdots 10^{-2}$ (Spezialentwicklungen bis 10^{-5})
Stabilität der Endamplitude: $10^{-4} \cdots 10^{-2}$ (Spezialentwicklungen bis 10^{-5})

4.2. *Fremderregte Generatoren*

4.2.1. *Univibratorbausteine*

Triggerspannung: 1···10 V
Flankensteilheit des Triggerimpulses: 5 ns···0,5 μs
Impulsbreite: 10 ns···1 s (Spezialentwicklungen: 1 ns···100 s)
Stabilität der Impulsbreite: $10^{-3} \cdots 10^{-2}$ (Spezialentwicklungen bis 10^{-4})
Ausgangsspannung: 1···20 V
Innenwiderstand: 10 Ω···1 kΩ
Anstiegs- und Abfallzeit der Impulsflanken: 5 ns···1 μs (Spezialentwicklungen bis 0,5 ns)

4.2.2. *Flip-Flop-Bausteine*

Triggerspannung: 1···10 V
Flankensteilheit des Triggerimpulses: 5 ns···0,5 μs
maximale Zählfrequenz: 1···100 MHz (Spezialentwicklungen bis 500 MHz)
Ausgangsspannung: 1···20 V
Innenwiderstand: 10 Ω···1 kΩ
Anstiegs- und Abfallzeit der Impulsflanken: 5 ns···0,5 μs (Spezialentwicklungen bis 0,5 ns)

4.2.3. *Schmitt-Trigger-Bausteine*

Einschaltspannung: 0,1 mV···10 V
Differenz zwischen Einschalt- und Ausschaltspannung (Hysterese): 10 μV···1 V
Stabilität der Einschaltspannung: $10^{-4} \cdots 10^{-2}$
Ausgangsspannung: 1···20 V
Innenwiderstand: 10 Ω···1 kΩ
Flankensteilheit: 10 ns···1 μs

5. *Zählschaltungen*

Anzahl der zusammengeschalteten Flip-Flop-Bausteine: 4···20 (= 4···20 bit)
Art der Verknüpfung: Dezimalzähler mit 4 Flip-Flop pro Dezimale; Dualzähler

Taktsteuerung: asynchron (das Flip-Flop n steuert das Flip-Flop $n+1$); synchron (ein gemeinsamer Takt steuert alle Flip-Flops)
Schaltzeitverzögerung zwischen Steuerbefehl und Vorliegen des Zählerstandes: 10 ns···0,5 μs

6. *Analog-Digital-Wandler*
Meßbereich: 1···10 V (ohne Spannungsteiler)
Meßverfahren: Vergleich mit Normalspannung bei konstanter Eingangsspannung über die Meßzeit oder Mittelwertbildung über die Meßzeit
Auflösung (digitale Genauigkeit): 10 μV···1 mV
(Spezialentwicklungen bis 0,1 μV)
Meßgenauigkeit ≈ Auflösung
Eingangswiderstand: 0,1···100 MΩ
Meßzeit: 0,1···100 ms (Spezialentwicklungen bis 0,5 μs)

48. Zusammengesetzte Schaltungen

48.1. *Impulsgeber*

Als charakteristisches Beispiel wird die Aufgabe gestellt, eine Folge von Rechteckimpulsen mit regelbarer Breite (t_w) und regelbarem Abstand (t_d) zu erzeugen (Abb. 48.1).

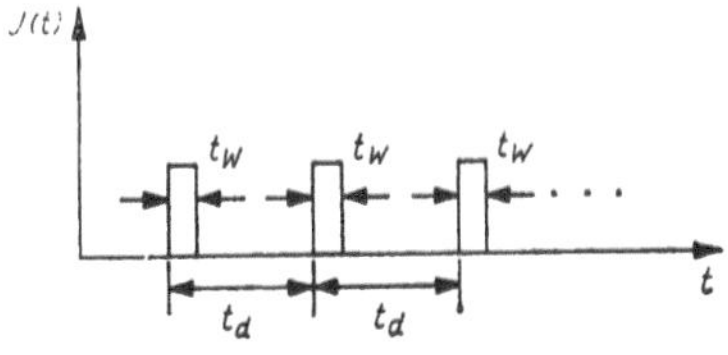

Abb. 48.1. Folge von Rechteckimpulsen

Die Impulsbreite t_w soll von 1 bis 10 μs kontinuierlich einstellbar sein mit einer Genauigkeit

$$\frac{\Delta t_w}{t_w} \leqq 10^{-2}, \tag{48.1 a}$$

wobei diese Forderung sowohl die Einstellgenauigkeit als auch die zeitliche Inkonstanz pro Stunde und die Änderung infolge Temperaturschwankungen von ca. ± 10 K einschließt.

Die entsprechenden Bedingungen für den Impulsabstand t_d sind: Einstellbarkeit von 100 µs bis 1 s in Einerschritten pro Dekade (1, 2, 3, . . .; 10, 20, 30, . . .) und Genauigkeit

$$\Delta t_d \leqq 10^{-6}\, t_d \pm 10^{-8}\,\mathrm{s}. \tag{48.1 b}$$

Die Ausgangsspannung soll 0 bzw. 5 V an einem Widerstand von 1 kΩ betragen.

Derartige Forderungen treten bei Normalzeitanlagen und in der Impulsspektroskopie auf.

Bei der Realisierung muß man davon ausgehen, daß sich die geforderte Genauigkeit des Impulsabstandes nur durch eine Digitalschaltung mit quarzstabilisierter Zeitbasis erreichen läßt. Für die Impulsbreite dagegen können Analogschaltungen (monostabile Multivibratoren) eingesetzt werden.

Abb. 48.2 zeigt eine mögliche Variante zur Erzeugung des Impulsabstandes mit den geforderten Daten. *QS* ist ein quarzstabilisierter Sinuswellengenerator (FWE, DDR: Frequenzgeber 3524.050) mit einer Arbeitsfrequenz von

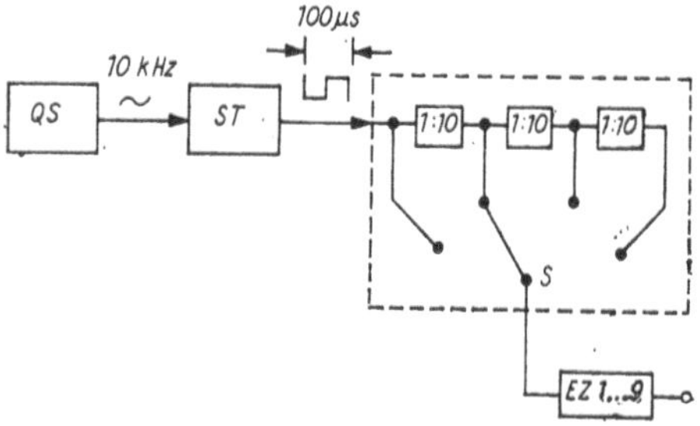

Abb. 48.2. Kombination von Baugruppen zur digitalen Erzeugung des Impulsabstandes der Impulsfolge von Abb. 48.1

10 kHz und einer täglichen relativen Frequenzänderung von $\leqq 10^{-6}$. Mit dem Schmitt-Trigger ST (Impulsaufbereitungsteil des Impulsbausteins I 1 (WF, DDR)) wird die Sinuswelle in eine Rechteckform gebracht, so daß

durch die Untersetzer „1 : 10“ (Integrierte Schaltkreise MH 7400 (Tesla, CSSR) oder SN 7400 N (Texas Instr., USA)) und den Schalter S eine Folge von Impulsen mit dem Abstand t_d = 100 µs, 1 ms, 10 ms und 100 ms einstellbar ist.

Die Zwischenwerte (200 µs, 300 µs usw.) werden durch den einstellbaren Zähler „EZ 1···9“ erzeugt. Dieser Zähler kann durch Kombination eines dekadischen Zählers MH 7490, vgl. oben) mit vier Negatoren, einem Mehrkontaktschalter und einem NAND-Gatter mit vier Eingängen realisiert werden. Das Zählschema des verwendeten dekadischen Zählers ist in Tab. 48.1 dargestellt, wobei Q_1 bis Q_4 die Ausgangsleitungen der vier Flip-Flops bezeichnen.

Tabelle 48.1. Zählschema eines dekadischen Zählers im 1-2-4-8 Code. Q_i sind die Ausgangsleitungen der vier Flip-Flops

Zahl X	Q_1	Q_2	Q_3	Q_4
0	0	0	0	0
1	L	0	0	0
2	0	L	0	0
3	L	L	0	0
4	0	0	L	0
5	L	0	L	0
6	0	L	L	0
7	L	L	L	0
8	0	0	0	L
9	L	0	0	L

Durch Anschalten je eines Negators (integrierter Schaltkreis D 100 C, vgl. S. 93, wobei einer der beiden Eingänge ständig auf L zu halten ist, vgl. Tab. 47.2 und 47.1) an die vier Flip-Flop-Ausgänge stehen dann acht Leitungen ($Q_1, Q_2, Q_3, Q_4, \bar{Q}_1, \bar{Q}_2, \bar{Q}_3, \bar{Q}_4$) zur Verfügung, die in geeigneter Weise mit den vier Eingängen des NAND-Gatters (integrierter Schaltkreis SN 7320 N bzw. D 120 C) zu verbinden sind. Dies bewirkt der Mehrkontaktschalter. Wenn der Zähler bei der Zahl X (= 1···9) auf die Zahl 0 zurückschalten soll, dann muß der Mehrkontaktschalter diejenigen vier Leitungen mit dem NAND verbinden, die bei der Zählstellung X (vgl. Abb. 48.3) gerade alle L-Signale führen. Soll der Zähler z. B. immer nur bis 4 zählen, dann muß der Mehrkontaktschalter die Leitungen $\bar{Q}_1$, $\bar{Q}_2$, Q_3 und $\bar{Q}_4$ auswählen. Das Ausgangssignal des NAND-Gatters wird an einen Kontakt des dekadischen Zählers (Kontakt Nr. 7 des integrierten Schaltkreises SN 7490 N) gegeben, so daß bei Ansprechen des NANDs (alle vier Eingänge L und Ausgang 0) der dekadische Zähler auf 0 zurückgestellt wird. Das Ausgangssignal des NAND-Gatters (Signal entspricht 0; „Nullinie" entspricht L) ist gleichzeitig Ausgangssignal des einstellbaren Zählers „EZ 1···9" in Abb. 48.2.

Die Impulsbreite t_w wird mit einem monostabilen Multivibrator (Multivibratorteil des Impulsbausteins I 1 (WF, DDR)) erzeugt.

48.2. Stromstabilisierung

Die Aufgabe besteht darin, einen in seiner Stärke wählbaren Gleichstrom ($I = 0{,}1$ bis 1 A) durch einen Lastwiderstand ($R_L = 10\,\Omega$) so zu stabilisieren, daß bei Änderungen des Lastwiderstandes und/oder der Spannung U_B der Gleichstromquelle um 10% der Strom über eine Stunde um weniger als 0,01‰ schwankt. Derartige Forderungen treten bei physikalischen Messungen auf, wenn z. B. Magnetfelder hoher Konstanz wie in der Hochfrequenzspektroskopie benötigt werden. Ausgehend von dem Schema in Abb. 15.10 des Abschnitts 15 ergibt sich folgendes Prinzipschaltbild (Abb. 48.3), das damit eine Strom*regel*schaltung darstellt.

Als *Meßfühler* findet ein Normalwiderstand (R_M) Verwendung, dessen Größe durch zwei sich widersprechende Forderungen bestimmt wird: Der Spannungsabfall

$$U_M = R_M I \tag{48.2}$$

muß einerseits groß sein, damit ein hinreichend großes Eingangssignal am Diskriminator zur Verfügung steht

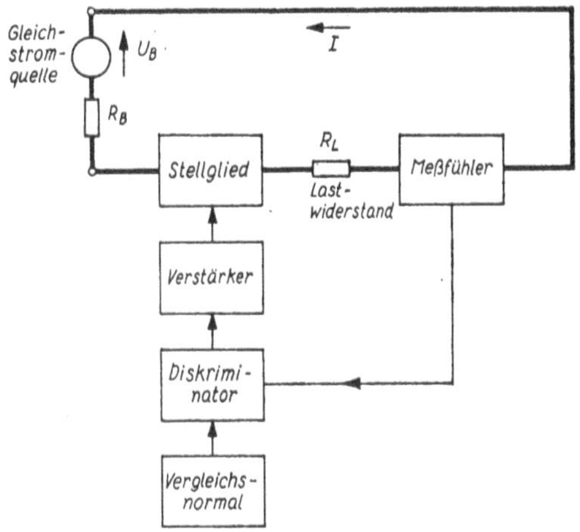

Abb. 48.3. Prinzipschaltbild der Stromstabilisierung (Stromregelung)

(s. u.). Andererseits darf aber wegen der thermischen Stabilität des Normalwiderstandes der Leistungsumsatz ($P_M = U_M I$) nicht zu groß sein. Wählt man $P_{M\max}$ zu 1 W, dann folgt aus

$$P_{M\max} = U_{M\max} I_{\max} \tag{48.3}$$

mit $I_{\max} = 1$ A (s. o.) $U_{M\max} = 1$ V, und für R_M ergibt sich

$$R_M = \frac{U_{M\max}}{I_{\max}} = 1\,\Omega. \tag{48.4}$$

Für die minimale Spannung $U_{M\min}$ erhalten wir damit $U_{M\min} = 0{,}1$ V. Da die Stabilität des Normalwiderstandes (und des Vergleichsnormals) besser sein muß als die angestrebte Stabilität des Gleichstromes (vgl. unten), verwendet man als Widerstandsmaterial eine Legierung mit geringem Temperaturkoeffizienten. Für Manganin mit $10^{-5}\,K^{-1}$ muß damit die Temperatur des Normalwiderstandes auf besser als ± 1 K konstant gehalten werden.

Das *Vergleichsnormal* (U_N) muß den gleichen Spannungsbereich überstreichen wie der Meßfühler (0,1 bis 1 V), da der *Diskriminator* im vorliegenden Fall lediglich die Differenz der beiden Spannungen (einfache Serienschaltung von U_N und $-U_M$) bilden soll. Die hier gestellten Forderungen ($U_N = 0{,}1 \cdots 1$ V; $\Delta U_N/U_N < 10^{-5}$) werden durch die in Abb. 48.4 gezeigte Schaltung realisiert.

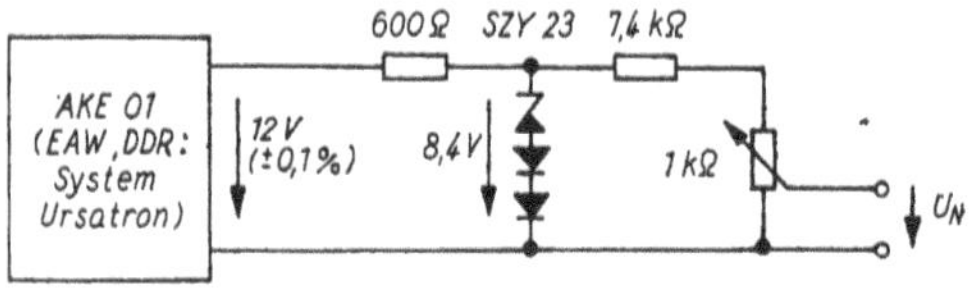

Abb. 48.4. Vergleichsnormal. Die vorstabilisierte Spannung von 12 V wird über die Hintereinanderschaltung einer ZENER-Diode und zweier Siliziumflächendioden (Baueinheit SZY 23 (WF, DDR)) stabilisiert, vgl. Abschn. 36.

Die Widerstände des Spannungsteilers (7,4 kΩ und 1 kΩ) müssen einen möglichst gleichen Temperaturkoeffizienten besitzen, damit der geringe Temperaturkoeffizient der Baueinheit SZY 23 von $10^{-5}\,\mathrm{K}^{-1}$ bei U_N zur Wirkung kommt.

Der *Verstärker* erhält bei einer relativen Stromänderung von 10^{-5} ein Eingangssignal von $10^{-5}\,IR_M$, d. h. von 1 µV bis 10 µV, wenn der Eingangswiderstand groß ist gegen die Summe aus Meßwiderstand ($R_M = 1\,\Omega$) und Innenwiderstand des Vergleichsnormals ($\leqq 1$ kΩ). Die hohe geforderte Eingangsempfindlichkeit von $\leqq 1$ µV wird von üblichen Gleichspannungsverstärkern nicht erreicht, so daß ein Zerhackerverstärker zur Anwendung kommt (vgl. Abschn. 44.1.). Die Baugruppe AVO 02 (EAW, DDR: System Ursadyn) hat eine Gleichspannungsverstärkung V_0 von 10^7 mit einer Stabilität von ca. 1 µV pro Stunde und 0,5 µV pro K Temperaturänderung. Die letztgenannten beiden Angaben entsprechen dabei äquivalenten Spannungsänderungen am Eingang des Verstärkers.

Das *Stellglied* wird durch einen Transistor realisiert. Für dessen Dimensionierung geht man von folgender Überlegung aus: Die höchste Leistung, die im Stellglied in Wärme umgesetzt werden muß, P_{Vmax}, tritt auf, wenn der Widerstand des Stellgliedes gleich der Summe aus dem Lastwiderstand R_L, dem Meßwiderstand R_M und dem Innenwiderstand der Gleichstromquelle R_B ist (vgl. Abb. 48.3). Damit gilt

$$P_{\mathrm{Vmax}} = \frac{U_B^2}{4(R_L + R_M + R_B)}. \qquad (48.5)$$

Andererseits muß der Spannungsabfall über dem Stellglied immer größer als die Mindestbetriebsspannung (Restspannung U_r) des Stellgliedtransistors sein. Daraus ergibt sich als Forderung an die Gleichstromquelle

$$U_B \geqq U_r + I_{\max}(R_B + R_L + R_M). \qquad (48.6)$$

Auf Grund der Leistungsbilanz (Gl. (48.5)) sollte U_B nicht zu groß gewählt werden. Mit $U_r = 2$ V und $R_B = 0{,}1\ \Omega$ sowie mit den bekannten Werten für R_L, R_M und $I_{\max}$ folgt damit eine notwendige Betriebsspannung U_B von ca. 14 V. Durch Einsetzen in Gl. (48.5) erhält man

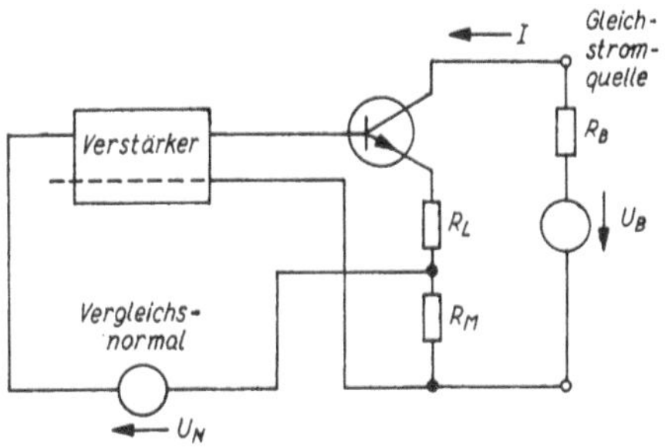

Abb. 48.5. Stellglied (Transistor KU 601) in Verbindung mit den anderen Baugruppen von Abb. 48.3

$P_{V\max} \approx 4{,}5$ W. Als Stellgliedtransistor wird deshalb z. B. der Typ KU 601 (Tesla, CSSR) mit $R_{thi} \leqq 7{,}5$ K/W und $\vartheta_{j\max} = 150$°C und einer geeignet dimensionierten Kühlfläche (vgl. Gl. (44.51) ff.) gewählt. Abb. 48.5 zeigt die Schaltung des Stellgliedes in Verbindung mit den anderen Baugruppen von Abb. 48.3. Schreibt man (analog zu Abschn. 15.) allgemein

$$I = f(U_{CE}, U_{BE}), \tag{48.7}$$

so gibt diese nichtlineare Gleichung in Verbindung mit

$$U_{CE} = U_B - I(R_L + R_M + R_B), \tag{48.8}$$

$$U_{BE} = (IR_M - U_N)\,V_0 - I(R_L + R_M) \tag{48.9}$$

den Sollwert von I, wobei U_{CE} bzw. U_{BE} die Kollektor-Emitter- bzw. Basis-Emitterspannung am Transistor und V_0 die Gleichspannungsverstärkung des Verstärkers bezeichnet.

Bei der Aufstellung von Gl. (48.9) wurde angenommen, daß der Ausgangswiderstand des Verstärkers (ca. 15 Ω) klein ist gegen den Betriebseingangswiderstand der Kollektorstufe (vgl. Abschn. 44.2.3., Regel 2). Für die Ableitung von I nach x (mit $x = U_B, R_M, U_N, \ldots$) folgt damit

$$\begin{aligned}\frac{\partial I}{\partial x} &= \frac{\partial f}{\partial U_{CE}}\,\frac{\partial U_{CE}}{\partial x} + \frac{\partial f}{\partial U_{BE}}\,\frac{\partial U_{BE}}{\partial x} \\ &= \frac{\partial f}{\partial U_{CE}}\left(\frac{\partial U_{CE}}{\partial x} + \frac{\partial U_{CE}}{\partial I}\,\frac{\partial I}{\partial x}\right) \\ &\quad + \frac{\partial f}{\partial U_{BE}}\left(\frac{\partial U_{BE}}{\partial x} + \frac{\partial U_{BE}}{\partial I}\,\frac{\partial I}{\partial x}\right)\end{aligned} \tag{48.10}$$

oder, unter Berücksichtigung der Gln. (48.8) und (48.9),

$$\frac{\partial I}{\partial x}\left\{1+\frac{\partial f}{\partial U_{\mathrm{CE}}}(R_{\mathrm{L}}+R_{\mathrm{M}}+R_{\mathrm{B}}) - \frac{\partial f}{\partial U_{\mathrm{BE}}}\left(R_{\mathrm{M}}(V_0-1)-R_{\mathrm{L}}\right)\right\} = \frac{\partial f}{\partial U_{\mathrm{CE}}}\frac{\partial U_{\mathrm{CE}}}{\partial x}+\frac{\partial f}{\partial U_{\mathrm{BE}}}\frac{\partial U_{\mathrm{BE}}}{\partial x}. \tag{48.11}$$

Da $V_0 \gg 1$ gilt, ergibt sich daraus schließlich

$$\frac{\partial I}{\partial x} = -\frac{\frac{\partial f}{\partial U_{\mathrm{CE}}}\frac{\partial U_{\mathrm{CE}}}{\partial x}+\frac{\partial f}{\partial U_{\mathrm{BE}}}\frac{\partial U_{\mathrm{BE}}}{\partial x}}{\frac{\partial f}{\partial U_{\mathrm{BE}}}R_{\mathrm{M}}V_0}. \tag{48.12}$$

Für die Änderung von I bei einer Änderung des Lastwiderstandes R_{L} um ΔR_{L} erhält man also

$$\Delta I = \frac{\partial I}{\partial R_{\mathrm{L}}}\Delta R_{\mathrm{L}} = \frac{\frac{\partial f}{\partial U_{\mathrm{CE}}}I+\frac{\partial f}{\partial U_{\mathrm{BE}}}I}{\frac{\partial f}{\partial U_{\mathrm{BE}}}R_{\mathrm{M}}V_0}\Delta R_{\mathrm{L}} \approx \frac{I}{R_{\mathrm{M}}V_0}\Delta R_{\mathrm{L}} \tag{48.13}$$

und für den Fall, daß sich die Normalspannung U_{N} um ΔU_{N} ändert,

$$\Delta I = \frac{\partial I}{\partial U_{\mathrm{N}}}\Delta U_{\mathrm{N}} = \frac{1}{R_{\mathrm{M}}}\Delta U_{\mathrm{N}}, \tag{48.14}$$

d. h.

$$\frac{\Delta I}{I} = \frac{1}{R_{\mathrm{M}}I}\Delta U_{\mathrm{N}}. \tag{48.15}$$

Die der Stabilität des Verstärkers entsprechenden äquivalenten Änderungen in seiner Eingangsspannung (ca.

1 μV, s. o.) haben die gleiche Wirkung wie ΔU_N und führen deshalb nach Gl. (48.15) zu relativen Stromschwankungen $\Delta I/I$ von 10^{-5} bis 10^{-6}. Demgegenüber betragen die Schwankungen infolge relativer Änderungen von R_L um 10% gemäß Gl. (48.13) bei $V_0 = 10^7$ (für $R_L = 10\,\Omega$ und $R_M = 1\,\Omega$) nur etwa 10^{-7}. Die Verstärkung V_0 ist also hinreichend groß, und die Gesamtstabilität wird durch die Stabilität des Verstärkers bestimmt (wenn U_N und R_M genügend konstant sind).

Damit der Stromregelkreis nicht schwingt, muß die Frequenzabhängigkeit der komplexen Verstärkung $\underline{V}_g$ des gesamten Regelkreises (= Betriebsspannungsverstärkung des Vierpols, den man nach Auftrennung des Regelkreises erhält) dem Stabilitätskriterium genügen. In der hier einfachsten Form (Bode—Kriterium, vgl. Abschn. 15.1.) darf der Betrag von $\underline{V}_g$ nicht schneller als 12 dB pro Oktave abfallen. Im Verstärker AVO 02/E wird der Frequenzgang durch *ein* RC-Glied bestimmt, weshalb auch die Gesamtverstärkung (AVO 02/E, Kollektorverstärker und Spannungsteiler nach Abb. 48.5) nur mit 6 dB pro Oktave abnimmt. Damit ist das System stabil.

48.3. Bestimmung des Frequenzspektrums einer Zeitfunktion

Es seien z. B. die Frequenzkomponenten digital zu registrieren, die ein intensitätsmodulierter Lichtstrahl (Beleuchtungsstärke schwankend zwischen 100 und 200 lx) enthält. Als Wandlerelement soll eine Baugruppe Verwendung finden (BPX 28 (AEG/Telefunken, BRD)), welche die Lichtmodulation mittels eines Siliziumphotoelements in entsprechende elektrische Stromänderungen überführt und verstärkt. Die Empfindlichkeit dieser Baugruppe beträgt 6,5 μA/lx und die Anstiegszeit des Stromes nach einem Lichtintensitätssprung 2 μs. Als Genauigkeit für die Messung der Lichtintensität werde 1% des Maximalwertes gefordert. Gemäß Abschn. 20. (Gln. (20.31) bis (20.33)) entspricht der Anstiegszeit

t_A eine Bandbreite von

$$\frac{\omega_{gr}}{2\pi} \approx \frac{1}{2t_A} = 250\,\text{kHz}\,, \tag{48.16}$$

durch die nach dem Sampling-Theorem das zeitliche Auflösungsvermögen festgelegt wird.

Das *Sampling-Theorem*, das auch als Probensatz bezeichnet wird, läßt sich anschaulich folgendermaßen verstehen. Es sei $F(t)$ eine beliebige periodische oder nichtperiodische Zeitfunktion (Abb. 48.6*a*). Durch die endliche

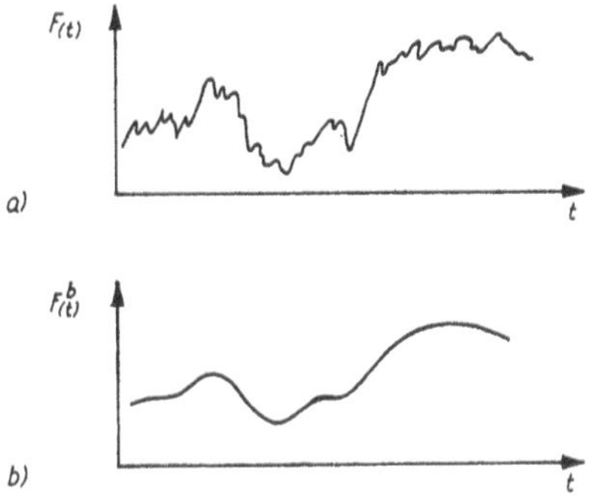

Abb. 48.6. **Darstellung einer beliebigen Zeitfunktion vor (*a*) und nach (*b*) Übertragung durch eine lineare Baugruppe mit endlicher oberer Grenzfrequenz**

Bandbreite eines linearen Übertragungssystems werden die hierin enthaltenen hohen Frequenzanteile unterdrückt, d. h., es fallen die „scharfen Ecken" in $F(t)$ weg, und es entsteht eine frequenzbeschränkte Zeitfunktion $F^b(t)$ (vgl. Abb. 48.6*b*).

In der Nähe eines willkürlich herausgegriffenen Punktes ($t = t_0$) kann also $F^b(t)$ nicht beliebig von dem Ordinatenwert $F^b(t_0)$ abweichen. Zur vollständigen Beschreibung der Kurve $F^b(t)$ müßten also Funktionswerte zu diskreten (und äquidistanten) Zeitpunkten genügen, oder umgekehrt: Wenn eine Funktion nur durch Meßpunkte zu äquidistanten Zeitpunkten vorgegeben ist, dann sollte dies einer stetigen Zeitfunktion mit einer oberen Grenzfrequenz entsprechen.

Zum Beweis wird von einer bandbegrenzten Zeitfunktion $F^b(t)$ mit dem Spektrum

$$\underline{F}(\omega) = \begin{cases} A(\omega) + jB(\omega) & \text{für } |\omega| \leqq \omega_{gr}, \\ 0 & \text{für } |\omega| > \omega_{gr} \end{cases} \tag{48.17}$$

ausgegangen, d. h., es gilt (vgl. Abschn. 1.3.1., Gl. (1.43))

$$F^b(t) = \int_{-\infty}^{+\infty} \underline{F}(\omega) \exp(j\omega t) \, d\frac{\omega}{2\pi}. \tag{48.18}$$

Denkt man sich das Spektrum periodisch mit der Periode $2\omega_{gr}$ fortgesetzt (dieses Spektrum soll $\underline{F}_p(\omega)$ genannt werden), so folgt (vgl. Gln. (1.32) und 1.33))

$$\underline{F}_p(\omega) = \sum_{n=-\infty}^{+\infty} \underline{\Phi}_n \exp\left(jn \frac{\pi}{\omega_{gr}} \omega\right) \tag{48.19}$$

mit

$$\underline{\Phi}_n = \frac{1}{2\omega_{gr}} \int_{-\omega_{gr}}^{+\omega_{gr}} \underline{F}_p(\omega) \exp\left(-jn \frac{\pi}{\omega_{gr}} \omega\right) d\omega. \tag{48.20}$$

(Diese Funktion $\underline{F}_p$ stimmt nur für $-\omega_{gr} \leqq \omega \leqq \omega_{gr}$ mit $\underline{F}(\omega)$ überein).

Andererseits gilt (Gln. (48.18), (48.17))

$$\begin{aligned} F^b(t) &= \int_{-\infty}^{+\infty} \underline{F}(\omega) \exp(j\omega t) \, d\frac{\omega}{2\pi} \\ &= \int_{-\omega_{gr}}^{\omega_{gr}} \underline{F}(\omega) \exp(j\omega t) \, d\frac{\omega}{2\pi} \\ &= \int_{-\omega_{gr}}^{\omega_{gr}} \underline{F}_p(\omega) \exp(j\omega t) \, d\frac{\omega}{2\pi}. \end{aligned} \tag{48.21}$$

Wenn das Signal $F^{\mathrm{b}}(t)$ zu den Zeiten

$$0, \pm \frac{\pi}{\omega_{\mathrm{gr}}}, \pm 2 \frac{\pi}{\omega_{\mathrm{gr}}}, \ldots$$

abgetastet wird, dann gilt für die Signalwerte zu diesen Zeiten

$$F^{\mathrm{b}}\left(n \frac{\pi}{\omega_{\mathrm{gr}}}\right) = \int_{-\omega_{\mathrm{gr}}}^{\omega_{\mathrm{gr}}} \underline{F}_{\mathrm{p}}(\omega) \exp\left(j\omega n \frac{\pi}{\omega_{\mathrm{gr}}}\right) \mathrm{d}\frac{\omega}{2\pi}. \tag{48.22}$$

Ein Vergleich mit Gl. (48.20) liefert

$$\underline{\Phi}_n = \frac{\pi}{\omega_{\mathrm{gr}}} F^{\mathrm{b}}\left(-n \frac{\pi}{\omega_{\mathrm{gr}}}\right), \tag{48.23}$$

und man erhält für das Spektrum nach Gl. (48.19)

$$\underline{F}_{\mathrm{p}}(\omega) = \sum_{n=-\infty}^{+\infty} \frac{\pi}{\omega_{\mathrm{gr}}} F^{\mathrm{b}}\left(-n \frac{\pi}{\omega_{\mathrm{gr}}}\right) \exp\left(jn \frac{\pi}{\omega_{\mathrm{gr}}} \omega\right) \tag{48.24}$$

und für die Zeitfunktion nach Gl. (48.21)

$$\begin{aligned} F^{\mathrm{b}}(t) &= \int_{-\omega_{\mathrm{gr}}}^{\omega_{\mathrm{gr}}} \sum_{n=-\infty}^{+\infty} \frac{\pi}{\omega_{\mathrm{gr}}} F^{\mathrm{b}}\left(-n \frac{\pi}{\omega_{\mathrm{gr}}}\right) \exp\left(jn \frac{\pi}{\omega_{\mathrm{gr}}} \omega\right) \\ &\quad \times \exp(j\omega t)\, \mathrm{d}\frac{\omega}{2\pi} = \frac{\pi}{\omega_{\mathrm{gr}}} \sum_{n=-\infty}^{+\infty} F^{\mathrm{b}}\left(n \frac{\pi}{\omega_{\mathrm{gr}}}\right) \\ &\quad \times \int_{-\omega_{\mathrm{gr}}}^{\omega_{\mathrm{gr}}} \exp\left(j\left(-n \frac{\pi}{\omega_{\mathrm{gr}}} + t\right) \omega\right) \mathrm{d}\frac{\omega}{2\pi}. \end{aligned} \tag{48.25}$$

Die Integration liefert schließlich die mathematische Formulierung des Sampling-Theorems

$$F^{\mathrm{b}}(t) = \sum_{n=-\infty}^{+\infty} F^{\mathrm{b}}\left(n \frac{\pi}{\omega_{\mathrm{gr}}}\right) \frac{\sin \omega_{\mathrm{gr}}\left(t - n \frac{\pi}{\omega_{\mathrm{gr}}}\right)}{\omega_{\mathrm{gr}}\left(t - n \frac{\pi}{\omega_{\mathrm{gr}}}\right)}. \tag{48.26}$$

Die frequenzbegrenzte Zeitfunktion $F^b(t)$ ist also *für alle t* eindeutig durch eine diskrete Folge von Probewerten der Funktion im Abstand $\frac{\pi}{\omega_{gr}}$ festgelegt. (Als Merkhilfe: Die höchste Frequenz $\frac{\omega_{gr}}{2\pi}$ muß durch zwei Punkte pro Periode erfaßt werden.)

In dem vorliegenden Fall genügt also eine Speicherung des Ausgangssignals der Baugruppe BPX 28 zu Zeitpunkten mit dem Abstand

$$\frac{\pi}{\omega_{gr}} = \frac{1}{2} \cdot \frac{1}{2{,}5 \cdot 10^5}\,\mathrm{s} = 2\,\mu\mathrm{s}. \qquad (48.27)$$

Eine Beschaltung der Baugruppe gemäß Abb. 48.7 liefert als Ausgangsspannung ein Signal von

$$6{,}5 \cdot 10^{-6} \cdot 1{,}5 \cdot 10^3\,\mathrm{A}\Omega/\mathrm{lx} \approx 10^{-2}\,\mathrm{V/lx}. \qquad (48.28)$$

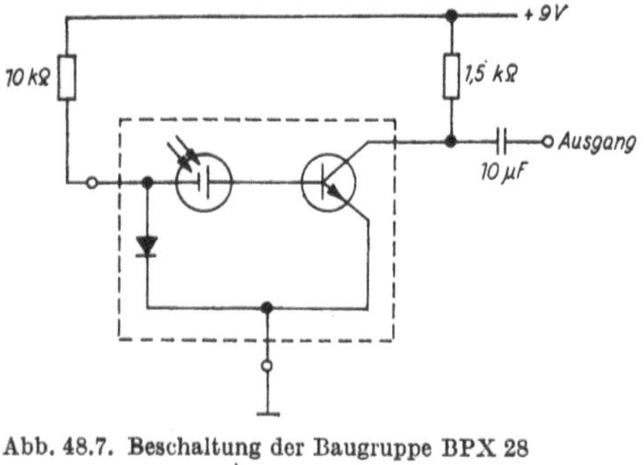

Abb. 48.7. Beschaltung der Baugruppe BPX 28

Der größten Änderung der Beleuchtungsstärke (100 lx, s. o.) entspricht also eine Spannungsänderung von 1 V, die auf 1% genau zu messen ist. Diese Messung und die Speicherung des digitalen Meßwertes müssen in 2 μs erfolgen, wenn das Auflösungsvermögen der Schaltung von Abb. 48.7 voll genutzt werden soll.

Falls die zur Verfügung stehende Anlage (Analog-Digital-Wandler und Speicher) eine größere Zeit für diese Operation benötigt, bestimmt diese die obere Grenze des erfaßbaren Frequenzspektrums (Gl. (48.16)).

48.4. Superheterodynempfänger

Es soll ein abstimmbarer Empfänger im Frequenzbereich von 1 bis 2 MHz mit einer Bandbreite (Abstand der Frequenzen, für die der Betrag der Verstärkung um 3 dB gegenüber dem Resonanzwert abgesunken ist) von 10 kHz aufgebaut werden. Der Verstärker soll eine Ausgangsspannung von 1 V an 100 Ω liefern, wenn die Eingangsspannung größer gleich 10 µV ist. Als zusätzliche Bedingung wird eine relativ hohe Selektivität von 40 dB bei einer Resonanzabweichung von 15 kHz gefordert, d. h., im Abstand 15 kHz von der Resonanz darf der Betrag der Verstärkung nicht größer als 1% des Maximalwertes sein.

Da über die Ausgangsfrequenz nichts ausgesagt wird, kann das Superprinzip zur Anwendung kommen. Das zugehörige Blockschaltbild zeigt Abb. 48.8. Am Eingang liegt das zu messende Signal mit einer Frequenz f_E im

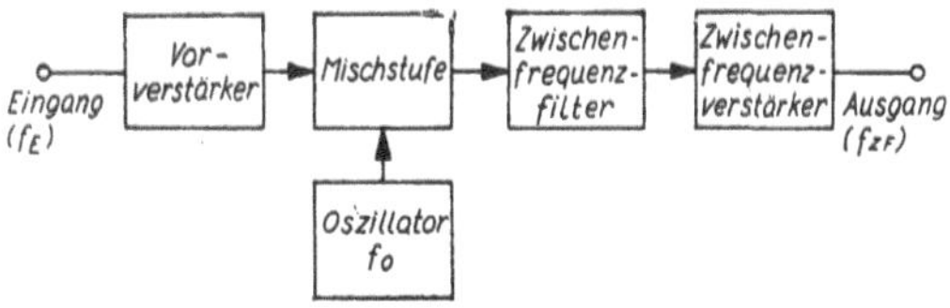

Abb. 48.8. Blockschaltbild eines Superheterodynempfängers

Bereich von 1 bis 2 MHz, am Ausgang erhält man das verstärkte Signal mit einer konstanten Frequenz f_{ZF} (Zwischenfrequenz), die sich als Differenz zur Oszillatorfrequenz f_0 ergibt

$$f_{ZF} = f_0 - f_E. \tag{48.29}$$

Um handelsübliche Filter verwenden zu können, wird $f_{ZF} = 500$ kHz gewählt. Das Superprinzip bietet den Vorteil einer hohen Stabilität gegen Selbsterregung, weil der Eingang auf eine andere Frequenz als die des Ausgangssignals abgestimmt ist. Außerdem läßt sich die Abstimmung relativ einfach durchführen, da gemäß Gl. (48.29) nur der Vorverstärker- und der Oszillatorschwingkreis geändert werden müssen und nicht die u. U. zahlreichen Schwingkreise des Zwischenfrequenzfilters, das die Selektivität bestimmt.

Der Vorverstärker hat im Prinzip drei Aufgaben:

1. Da sein Rauschen geringer ist als das einer Mischstufe, soll er das Signal soweit verstärken, daß es über den Rauschpegel der Mischstufe zu liegen kommt.
2. Es soll eine Abstrahlung der Oszillatorfrequenz über den Eingang (Antenne) verhindert werden.
3. Es soll in den Fällen, wo dies erforderlich ist (relativ hohe Störspannungen am Eingang mit Frequenzen mf_E oder $m^{-1}f_E$, deren Differenz zu nf_0 gerade f_{ZF} ergibt, mit m, $n = 1, 2, 3, \ldots$), eine Vorselektion erfolgen.

Je nachdem, ob die Vorselektion notwendig ist oder nicht, wird man als Verstärker eine der beiden in Abb.48.9 gezeigten Schaltungen auswählen. Die Dimensionierung erfolgte dabei in Anlehnung an die Abschnitte 44.2. und 44.4.

Für die Mischstufe und den Oszillator bietet sich als einfachste Möglichkeit eine Kombination an, die als selbstschwingende Mischstufe bezeichnet wird und die in Abb. 48.10 dargestellt ist.

Diese Schaltung arbeitet bezüglich des Oszillators als Basisschaltung mit induktiver Rückkopplung, weshalb an den Eingang ein für die Frequenz f_0 sehr niedriger Widerstand geschaltet werden muß. Das ist erfüllt bei Kopplung mit den in Abb. 48.9 gezeigten Vorverstärkern. Eine exakte Berechnung der Mischverstärkung, d. h. des Verhältnisses der Zwischenfrequenzspannung zur Eingangsspannung, ist mathematisch sehr aufwendig, da es sich um ein nichtlineares Problem handelt (für eine Diode als Mischglied vgl. z. B. Abschn. 33.4.).

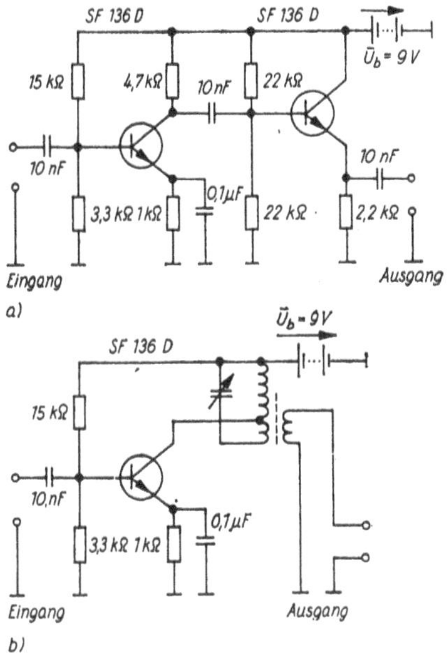

Abb. 48.9. Vorverstärker der in Abb. 48.8 dargestellten Schaltung.
a) Breitbandverstärker (Spannungsverstärkung ca. 90 Ω, Ausgangswiderstand ca. 20 Ω) *b*) Resonanzverstärker

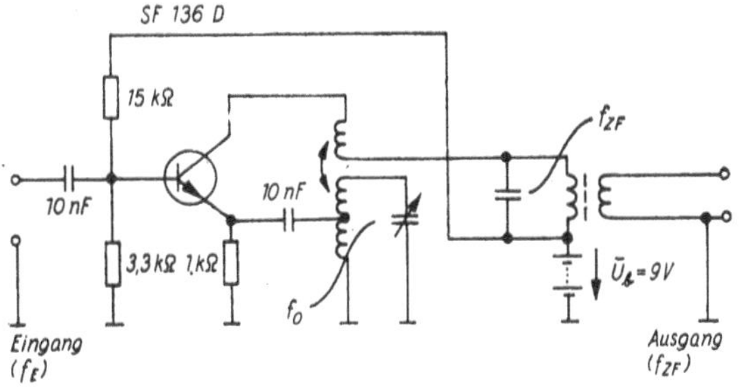

Abb. 48.10. Selbstschwingende Mischstufe der in Abb. 48.8 dargestellten Schaltung

Näherungsweise ergibt sich als Mischsteilheit (Konversionsleitwert) für die vorliegende Schaltung

$$S_M = 5 \text{ mA/V}.$$

Wenn man das Produkt mit der Amplitude der Eingangsspannung (Frequenz f_E), dem Resonanzwiderstand des Zwischenfrequenzschwingkreises und dieser Größe bildet, erhält man die Amplitude der Zwischenfrequenzspannung am Schwingkreis.

Als Zwischenfrequenzfilter werden zweckmäßigerweise gekoppelte Schwingkreise verwendet. Da der Eingangswiderstand von Transistoren relativ geringe Werte besitzt, braucht man nur die Fälle zu betrachten, bei denen jeweils nur der letzte Schwingkreis bedämpft ist. Abb. 48.11 zeigt die Zusammenschaltung der Schwingkreise und Abb. 48.12 die Selektivitätskurven für zwei, drei und vier Kreise, wobei die Koppelkapazitäten so ein-

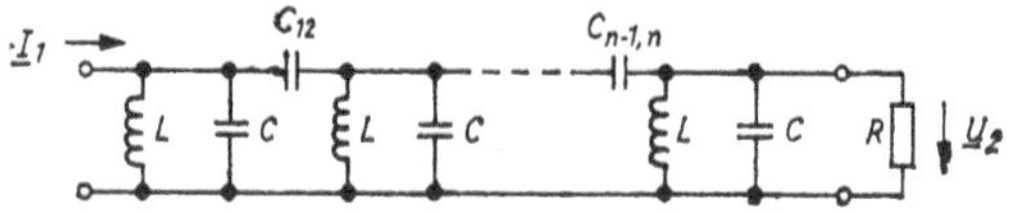

Abb. 48.11. Kapazitive Kopplung von n Schwingkreisen, bei denen nur der letzte bedämpft ist (Widerstand R)

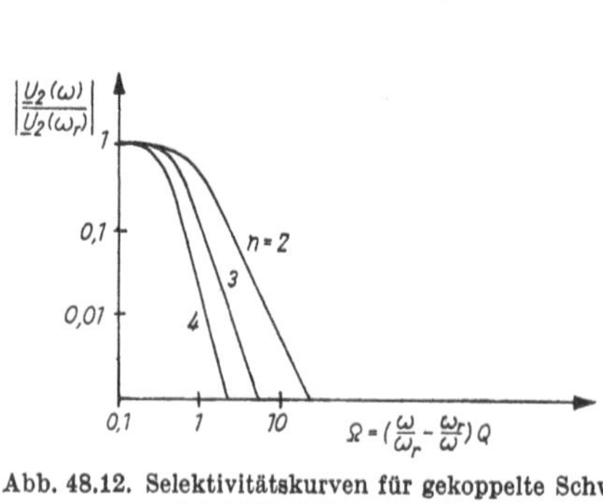

Abb. 48.12. Selektivitätskurven für gekoppelte Schwingkreise nach Abb. 48.11 und bei Einstellung der Koppelkapazitäten für möglichst flachen Verlauf in Resonanznähe

gestellt werden müssen, daß die Übertragungskurve $|\underline{U}_2(\omega)/\underline{U}_2(\omega_r)|$ in der Mitte möglichst flach verläuft (kritische Kopplung, vgl. Abschn. 6.3., oder Selektivitätskurve vom Typ B, vgl. [M 1 b]). Die Resonanzfrequenz ω_r ist näherungsweise gegeben durch die bekannte Beziehung

$$\omega_r = \frac{1}{\sqrt{LC}} \tag{48.30}$$

und die Güte Q durch

$$Q = R\omega_r C. \tag{48.31}$$

Aus der Forderung, daß der Quotient $|\underline{U}_2(\omega)/\underline{U}_2(\omega_r)|$ bei $\omega = \omega_r \pm 2\pi \cdot 5 \cdot 10^3\,\text{s}^{-1}$ auf ca. 0,7 abgesunken sein soll, ergibt sich nach Abb. 48.12 $Q \approx 35; 25; 20$ für $n = 2; 3; 4$. Damit findet man, daß $|\underline{U}_2(\omega)/\underline{U}_2(\omega_r)|$ den Wert 0,01 bei $\frac{\omega - \omega_r}{2\pi} \approx 50 \cdot 10^3\,\text{Hz};\quad 25 \cdot 10^3\,\text{Hz};\quad 15 \cdot 10^3\,\text{Hz}$ für $n = 2;\ 3;\ 4$ erreicht. Die geforderte Selektivität kann

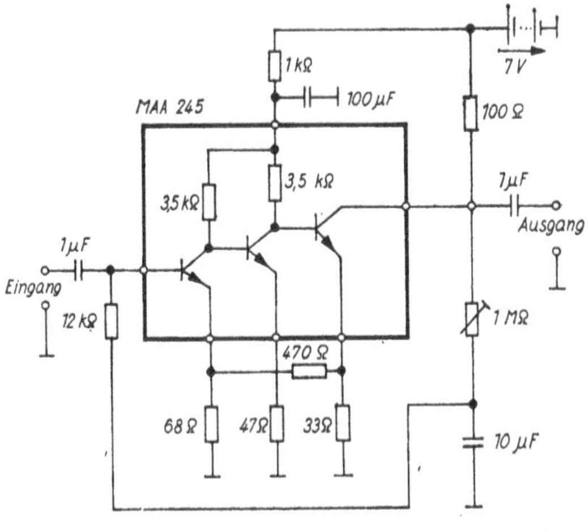

Abb. 48.13. Zwischenfrequenzverstärker, aufgebaut mit dem integrierten Schaltkreis MAA 245

also nur mit einem Vierkreisbandfilter verwirklicht werden.

Zur Vervollständigung der Schaltung nach Abb. 48.8 wird noch der Zwischenfrequenzverstärker benötigt, dessen Spannungsverstärkung nach dem bisher Gesagten in der Größenordnung von 100 liegen muß. Hierfür findet ein integrierter Schaltkreis MAA 245 (Tesla, CSSR) bzw. TAA 121 (Siemens, BRD) Verwendung, der gemäß Abb. 48.13 zu beschalten ist.

48.5. Messung verrauschter periodischer Signale

Es soll die Amplitude eines elektrischen Gleichspannungsimpulses $\overline{U}$ gemessen werden, der periodisch mit einem zeitlichen Abstand t_0 erscheint. Wegen des stets vorhandenen elektronischen Rauschens beobachtet man aber zu den Zeiten nt_0 nicht $\overline{U}$ selbst, sondern eine mehr oder minder stark davon abweichende Größe $U(t)$, aus der $\overline{U}$ bestimmt werden muß. Bei starkem Rauschen und besonders dann, wenn $\overline{U}$ kleiner als die mittlere Rauschspannung ist, empfiehlt sich eine Addition der Meßwerte (Akkumulation), da hierdurch das Signal-Rausch-Verhältnis unter Umständen wesentlich verbessert werden kann:

N Messungen zu den Zeiten 0, t_0, $2t_0, \ldots, (N-1)\,t_0$ ergeben den Mittelwert

$$U_N = \frac{1}{N} \sum_{l=0}^{N-1} U_{(lt_0)} \tag{48.32}$$

und das mittlere Schwankungsquadrat

$$\overline{(U_N - \overline{U})^2} = \frac{1}{N^2} \sum_{l=0}^{N-1} \sum_{m=0}^{N-1} \overline{(U_{(lt_0)} - \overline{U})\,(U_{(mt_0)} - \overline{U})}. \tag{48.33}$$

Da die Summanden auf der rechten Seite von Gl. (48.33) Korrelationsfunktionen von $U(t) - \overline{U}$ sind (vgl. Abschn. 1.3.3.), ergibt die Einführung der zugehörigen Spektraldichtefunktionen $w(f)$ nach Gl. (1.82)

$$\overline{(U_\mathrm{N} - \overline{U})^2} = \frac{1}{N^2} \sum_{l=0}^{N-1} \sum_{m=0}^{N-1} \int\limits_0^\infty w(f) \cos\bigl(\omega(m-l)\,t_0\bigr)\,\mathrm{d}f$$

$$= \frac{1}{N^2} \sum_l \sum_m \int\limits_{-\infty}^{+\infty} w(f) \exp(j\omega m t_0) \exp(-j\omega l t_0)\,\mathrm{d}f$$

$$= \frac{1}{2N^2} \int\limits_{-\infty}^{+\infty} w(f) \left| \sum_{l=0}^{N-1} \exp(j\omega l t_0) \right|^2 \mathrm{d}f$$

$$= \frac{1}{2N^2} \int\limits_{-\infty}^{+\infty} w(f) \frac{\sin^2 \dfrac{\omega N t_0}{2}}{\sin^2 \dfrac{\omega t_0}{2}}\,\mathrm{d}f$$

$$= \int\limits_0^\infty w(f) \left(\frac{\sin \dfrac{\omega N t_0}{2}}{N \sin \dfrac{\omega t_0}{2}} \right)^2 \mathrm{d}f. \tag{48.34}$$

Aus der letzten Zeile dieser Gleichung sieht man, daß die N-fache Wiederholung des Meßvorgangs mit einem zeitlichen Abstand t_0 zwischen zwei Messungen und Registrierung des Mittelwertes (Akkumulation) wie ein zusätzliches Filter wirkt, das die komplexe Übertragungsfunktion

$$\underline{Y}(f) = \frac{\sin \frac{\omega N t_0}{2}}{N \sin \frac{N t_0}{2}} \exp\big(j\varphi(f)\big) \tag{48.35}$$

besitzt und wobei $\varphi(f)$ eine beliebige (reelle) Funktion der Frequenz sein kann.

Wenn die Korrelationszeit τ (vgl. Abschn. 1.3.3.) der Schwankungen von $U(t)$ klein gegen t_0 ist, ergibt sich eine einfache Beziehung: Der Quotient

$$\left(\frac{\sin \frac{\omega N t_0}{2}}{N \sin \frac{\omega t_0}{2}}\right)^2$$

zeigt als Funktion von ω für großes N scharfe äquidistante Linien ($\Delta f = 1/t_0$) gleicher Form (vgl. Abb. 48.14). Für die Fläche einer solchen Linie gilt

$$2 \int\limits_0^{\frac{1}{2t_0}} \frac{\sin^2 \frac{\omega N t_0}{2}}{N^2 \sin^2 \frac{\omega t_0}{2}} \, df = \frac{2}{N^2} \int\limits_0^{\frac{1}{2t_0}} \sum_{l=0}^{N-1} \sum_{m=0}^{N-1} \exp\big(j\omega t_0 (l - m)\big) \, df$$

$$= \frac{2}{N^2} \sum_{l=0}^{N-1} \frac{1}{2t_0} = \frac{1}{N t_0}, \tag{48.36}$$

und damit folgt wegen $t_0 \gg \tau$ (d. h., $w(f)$ ist über die Frequenzdifferenz $1/t_0$ näherungsweise konstant, vgl. Abb. 48.14)

$$\overline{(U_N - \overline{U})^2} \approx \int_0^\infty w(f) \left(\frac{1}{t_0}\right)^{-1} \frac{1}{N t_0} \, df = \frac{1}{N} \overline{(U_{(t)} - \overline{U})^2}. \tag{48.37}$$

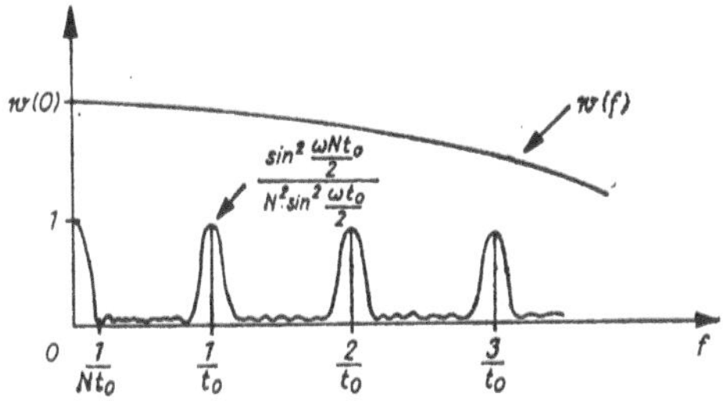

Abb. 48.14. Zur Ableitung der Beziehung (48.37) aus Gl. (48.43)

Das mittlere Schwankungsquadrat des Mittelwertes ist also um den Faktor $1/N$ kleiner als das der Einzelmessung, oder mit anderen Worten: Durch N-fache Akkumulation läßt sich das Signal-Rauschverhältnis um den Faktor $\sqrt{N}$ verbessern.

Dieser Satz gilt auch für nichtperiodische, aber zu bekannten Zeiten wiederkehrende Signale, sofern die Voraussetzung für Gl. (48.37) erfüllt ist, wonach der zeitliche Abstand der Messungen groß gegen die Korrelationszeit des Rauschens sein muß.

In Abb. 48.15 werde durch den Auslöseimpuls ein physikalischer Meßvorgang eingeleitet, der zu einer relativ kleinen (verrauschten) Signalspannung führt, die eine gewisse Zeit später (t_D) gemessen werden soll. Die Anzahl der durchgeführten Messungen wird mit dem Universalzähler 1 (3515, FWE, DDR) registriert, die Verzögerungszeit t_D mit dem Einschub G 22 des Impulsgenerators EMG 1153 (Orion, Ungarn) eingestellt. Das zu messende Signal gelangt an den Meßeingang (1) des Digital-Voltmeters (B 7—16, UdSSR); der Steuerbefehl am Eingang 2 legt den Meßzeitpunkt ($t = t_D$) fest. Das Resultat der Einzelmessung kann an der Ziffernanzeige des Digital-Voltmeters abgelesen werden. Zur Akkumulation sind Leitungen von den Kontakten I–8 und II–2 der Baugruppe „Komparator" des Gerätes herauszuführen (3 und 4 in Abb. 48.15). Die an ihnen anliegenden Spannungen zeigt Abb. 48.16.

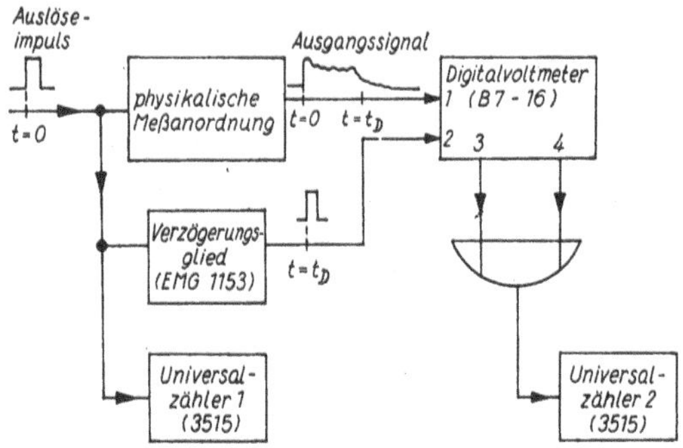

Abb. 48.15. **Prinzipschaltung für eine Akkumulation unter Verwendung kommerzieller Geräte. Bei dem Digital-Voltmeter (B 7–16, UdSSR) sind *1* bzw. *2* die Eingänge für die Signalspannung bzw. den externen Meßbefehl. *3* und *4* sind Leitungen, die an die Kontakte I – 8 und II – 2 der Baugruppe „Komparator" des Gerätes gelegt werden müssen**

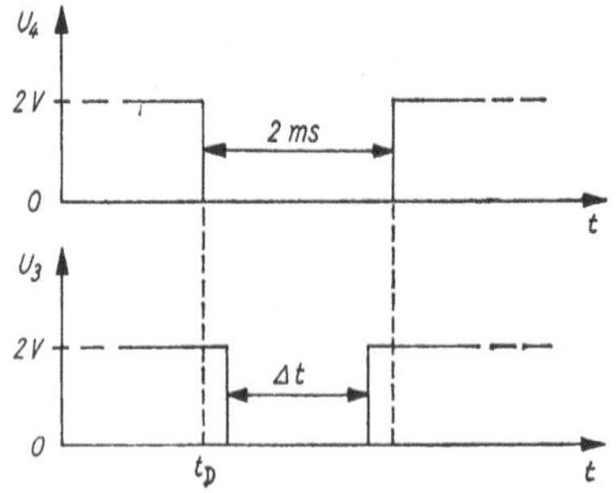

Abb. 48.16. **Zeitlicher Verlauf der Spannungen an den Leitungen *3* bzw. *4* von Abb. 48.15**

Für das Zeitintervall Δt gilt

$$\Delta t \propto U_0 + U_1 . \qquad (48.38)$$

U_0 bezeichnet dabei eine intern erzeugte konstante Spannung und U_1 die Signalspannung am Meßeingang zur Zeit t_D (die über ca. 2 ms konstant sein muß). Das Oder-Gatter kombiniert U_3 und U_4 zu einer konstanten positiven Spannung, die nur während des Zeitintervalls Δt auf Null springt („Nullimpuls"). Falls Δt größer als 2 ms wird, begrenzt das Oder-Gatter die Dauer des Nullimpulses auf 2 ms (vgl. Abb. 48.16), und am Digitalvoltmeter erscheint die Anzeige „Überlast". Der Universalzähler 2 mißt die Dauer des Nullimpulses, speichert das Ergebnis und addiert bei Wiederholung des Meßvorgangs die Resultate.

Stichwort- und Literaturverzeichnis*)

In dieser Zusammenstellung sind vorzugsweise Buchveröffentlichungen zitiert.
Die Spalten A—D haben folgende Bedeutung:

A: Seitenzahl des vorliegenden Buches für das entsprechende Stichwort
B: Werke zur Information, Einführungen
C: grundlegende Werke
D: technische Anwendungen, Berechnungsgrundlagen

*) Stichworte und Literatur zur Transistorschaltungstechnik vgl. auch Teil VI.

	A	B	C	D
Negator	91, 107	L 1b	K 2	
Netzgeräte, elektronisch stabilisierte	100	B 2, S 2, B 3	T 1	G 2a–d, S 4
Neutralisation	59, 65	M 1, C 1	H 3, F 3, T 3	G 2c, G 2d
Niederfrequenzoszillatoren	73, 103	L 1b, T 1	S 2	P 4, G 2b, G 2c, H 1
Niederfrequenzverstärker	101	L 1b, R 2	G 2a, T 1, S 2, S 3, C 1	G 2b–d, H 1
– mit Frequenzgang-beeinflussung	99	T 1		G 2c
– mit integrierten Schaltungen	97			G 2d
–, rauscharme	101			G 2c, G 2c
NOR-Gatter	92	L 1b	T 1, K 2, R 3	K 1, S 5
Normalwiderstand	108			
Oder-Gatter	91	B 2	T 1, P 2	K 1
Offsetspannung				P 4, T 1
Operationsverstärker	66, 99	B 2	P 4, T 1	S 4, S 5
Parallel-Parallel-Schaltung	16, 64	S 3		A 1
Parallelregler				G 2b
Parallel-Reihen-Schaltung	16, 64	S 3		A 1
Phasenkompensations-schaltungen	73		T 1	
Probensatz	115	s. Sampling-Theorem		
Prüfschaltung für Transistoren	23		P 7	
Quarzoszillatoren	71, 106	T 1, B 2, S 2		G 2a, G 2b
Rauschen, elektronisches	26		P 3	
– von bipolaren Transistoren	36	T 1	P 5, M 2	M 1d, K 3
– von Feldeffekttransistoren	86		P 6, U 1	H 1
RC-Oszillatoren	73	L 1b, T 1, B 2	S 2	G 2a–c, H 1
Referenzspannungs-erzeugung	100	s. Vergleichsnormal		
Reihen-Parallel-Schaltung	16, 64	S 3		A 1
Reihen-Reihen-Schaltung	16, 64	S 3		A 1
Resonanzverstärker (= Selektivverstärker)	56, 102, 121	L 1b	T 1, S 2, S 3, H 3, B 3	G 2b, K 3
RS-Flip-Flop	96	B 2	T 1, T 2	K 1, R 6, S 5

	A	B	C	D
Subtraktionsschaltung	69	P 4, T 1		
Superheterodynschaltung	119	G 2a, R 2	K 4b, K 4c	P 1, V 1
Temperaturabhängigkeit von Transistorparametern	23, 31	V 1	K 3, P 5, M 2, C 1	R 4
Temperaturregelschaltungen				G 2a–d
Thermistor	50		s. Heißleiter	
Thyristorschaltungen		T 1, B 2	H 5	H 4
Torschaltungen		B 2, B 3	T 1, P 2, S 2	R 3
Transformatorkopplung	46, 57		K 3	G 2a
Transistor, komplementärer	56			G 2a–d
Transitfrequenz	24		P 5	A 1
Transverter-Schaltungen		B 2, S 2	B 1	G 2a, G 2b, O 1
TTL-Bausteine	93	T 1	R 3	K 1, R 6, S 5
Umkehrstufe	91		s. Negator	
Und-Gatter	91	B 2	T 1, T 2	K 1
Univibrator	78, 104		s. Multivibrator, monostabiler	
Untersetzer	78			K 1
Verarmungs-Mosfet	82	G 3	P 6, H 1	R 5
Vergleichsnormal	110			
Verlustleistungshyperbel	52			R 4
Verstärker mit hohem Eingangswiderstand (= Elektrometerverstärker	83	T 1		H 1, G 3
Verstärkung, effektive	67			
Verstärkungsregelung		S 2	H 3	G 2c, K 4b
Verzerrung, nichtlineare	44, 49	L 1b	T 3	G 2a–d, S 7
Verzögerungsschaltungen				G 2a–c
Vierpol	11	S 3	F 1	A 1
–, aktiver	11			
–, linearer	11			
–, passiver	11			
Vierpolparameter	12, 64			
– bipolarer Transistoren	19		S 2, P 5, M 2	R 4
– von Feldeffekttransistoren	84		P 6, M 2	H 1, G 3
Vierpoltheorie	64		F 1	A 1, H 7

[A 1] AEG-Telefunken (ed.): Röhre und Transistor als Vierpol. AEG-Telefunken, Ulm 1967.

[B 1] Baranowski, J., und T. Jankowski: Transistorschaltungen in der Impulstechnik (Übers. aus dem Poln.). VEB Verlag Technik, Berlin 1966.

[B 2] Benz, W.: Elektrische und elektronische Schaltelemente (2 Bde.). Bohmann-Noltenmeyer-Verlag, Heidelberg 1973.

[B 3] Bitterlich, W.: Elektronik. Springer-Verlag, Wien und New York 1967.

[B 4] Beneking, H.: Feldeffekttransistoren. Springer-Verlag, Berlin—Heidelberg—New York 1973.

[C 1] Cassignol, E. J.: Halbleiter (3 Bde.). Philips Technische Bibliothek, Eindhoven 1966—1968.

[E 1] Eckardt, D., und W. Gross: Grundlagen der digitalen Schaltungstechnik. Militärverlag, Berlin 1973.

[E 2] Ebert, J., und E. Jürres: Digitale Meßtechnik. VEB Verlag Technik, Berlin 1973.

[F 1] Feldtkeller, R.: Einführung in die Vierpoltheorie der elektrischen Nachrichtentechnik. S. Hirzel-Verlag, Stuttgart 1962.

[F 2] Fedetow, I. A., und I. W. Schmarzew: Transistoren (Übers. aus dem Russ.). VEB Verlag Technik, Berlin 1963.

[F 3] Filipkowski, A.: Transistorverstärker für hohe Frequenzen (Übers. aus dem Poln.). VEB Verlag Technik, Berlin 1966.

[G 1] Giacoletto, L. J.: RCA-Review **15**, 506—562 (1954).

[G 2] Gelder, E., und W. Hirschmann: Schaltungen mit Halbleiterbauelementen. Siemens AG, Berlin und München 1967—1972.

a Bd. 1: Grundlagen und Beispiele aus der NF-Technik.
b Bd. 2: Anwendungen aus der NF- und HF-Technik.
c Bd. 3: Beispiele mit Germanium- und Silizium-Transistoren.
d Bd. 4: Beispiele mit Transistoren und integrierten Schaltungen.

[G 3] Gath, H.: Feldeffekt-Transistoren. Frech-Verlag, Stuttgart 1972.

[H 1] Hillebrand, F., und W. Heierling: Feldeffekttransistoren in analogen und digitalen Schaltungen. Franzis-Verlag, München 1972.

[H 2] Hahn, R.: Elektronische Schaltkreissysteme. Siemens AG, Berlin und München 1971.

[H 3] Hetterscheid, W. Th. H.: Selektive Transistorverstärker (2 Bde.). Philips Technische Bibliothek, Eindhoven 1965 und 1971.

[H 4] Hoffmann, A., und K. Stocker (ed.): Der Thyristor als Bauelement der Leistungselektronik. Siemens AG, Berlin und Erlangen 1965.

[H 5] Heumann, K., und C. Stumpe: Thyristoren. B. G. Teubner Verlag, Stuttgart 1969.

[H 6] Hahn, H.: Thermistoren. R. v. Decker-Verlag, Hamburg und Berlin 1965.

[H 7] HEROLD, H.: Elektronische Verstärker in der Automatisierungstechnik (2 Bde). VEB Verlag Technik, 1972 und 1973.

[H 8] HOLZMÜLLER, W.: Technische Physik Bd. II, Teil 2. B. G. Teubner, Leipzig 1966.

[K 1] KÜHN, E., und H. SCHMIED: Integrierte Schaltkreise. VEB Verlag Technik, Berlin 1972.

[K 2] KORTHALS-ALTES, J. PH., und G. W. SCHANZ: Logische Schaltungen mit Transistoren. Philips Technische Bibliothek, Hamburg 1970.

[K 3] KADEN, H. E.: Das Transistorlehrbuch. Philips Technische Bibliothek, Eindhoven 1968.

[K 4] KAMMERLOHER, J.: Transistoren. C. F. Winter'sche Verlagshandlung, Prien 1963—1966.
a Bd. 1: Grundlagen und Niederfrequenzverstärker.
b Bd. 2: Probleme des Mittelwellensupers.
c Bd. 3: Berechnung eines UKW-Supers.

[K 5] KOCH, H.: Transistorempfänger. Franzis-Verlag, München 1972.

[K 6] KOCH, H.: Transistorsender. Franzis-Verlag, München 1972.

[L 1] LANGE, F. H.: Signale und Systeme. VEB Verlag Technik, Berlin 1965—1971.
a Bd. 1: Spektrale Darstellung.
b Bd. 2: Gesteuerte elektronische Systeme.
c Bd. 3: Regellose elektronische Vorgänge.

[L 2] LE CAN, C.; K. HART und C. DE RUYTER: Schalteigenschaften von Dioden und Transistoren. Philips Technische Bibliothek, Eindhoven 1963.

[M 1] MEINKE, H. H., und F. W. GUNDLACH (ed.): Taschenbuch der Hochfrequenztechnik. Springer-Verlag, Berlin—Göttingen—Heidelberg 1968.
a) S. 1030, b) S. 877ff., c) Abschn. Q, d) Abschn. T.

[M 2] MÖSCHWITZER, A., und K. LUNZE: Halbleiterelektronik-Lehrbuch. VEB Verlag Technik, Berlin 1973.

[M 3] MEILING, W., und F. STARY: Nanosecond Pulse Techniques. Akademie-Verlag, Berlin 1969.

[O 1] OTTO, K., und H. MÜLLER: Flächentransistoren. VEB Verlag Technik, Berlin 1965.

[P 1] PHILIPPOW, E. (ed.): Taschenbuch Elektrotechnik, Band 3: Nachrichtentechnik. VEB Verlag Technik, Berlin 1969.

[P 2] PRESSMAN, A. I.: Digitale Schaltungen mit Transistoren. Berliner Union, Stuttgart 1964.

[P 3] PFEIFER, H.: Elektronisches Rauschen, Bd. 1. B. G. Teubner Verlagsgesellschaft Leipzig 1959; J. A. Mayer, Aachen 1962.

[P 4] PABST, D.: Operationsverstärker. VEB Verlag Technik, Berlin 1973.

[P 5] PAUL, R.: Transistoren. VEB Verlag Technik, Berlin 1969,

[P 6] PAUL, R.: Feldeffekttransistoren. VEB Verlag Technik, Berlin 1972.

[P 7] PAUL, R.: Transistormeßtechnik. VEB Verlag Technik, Berlin 1969.

[R 1] RICHTER, H.: Neue Halbleiterpraxis. Franck'sche Verlagshandlung, Stuttgart 1970.

[R 2] RICHTER, H.: Schaltungsbuch der Transistortechnik. Franck'sche Verlagshandlung, Stuttgart 1970.

[R 3] RICHARDS, R. K.: Elektronische Bauelemente und Schaltungen (Übers. aus dem Engl.). Akademie-Verlag, Berlin 1972.

[R 4] RFT electronic (ed.): Katalog Siliziumtransistoren. Kombinat VEB Halbleiterwerk, Frankfurt/Oder 1971.

[R 5] RFT electronic (ed.): Katalog MOS-Feldeffekttransistoren. Kombinat Funkwert, Erfurt 1970.

[R 6] RFT electronic (ed.): Datenblätter der Schaltkreisfamilie D 100. Kombinat VEB Halbleiterwerk, Frankfurt/Oder 1972.

[R 7] REISS, K. (ed.): Integrierte Digitalbausteine. Siemens AG, Berlin und München 1972.

[S 1] STERN, L.: Grundlagen integrierter Schaltungen. Franzis-Verlag, München 1971.

[S 2] SHEA, R. F.: Transistortechnik (Übers. aus dem Engl.). Berliner Union, Stuttgart 1969.

[S 3] SHEA, R. F.: Transistoranwendungen (Übers. aus dem Engl.). Berliner Union, Stuttgart 1967.

[S 4] STIEFKEN, H.: Analoge Schaltkreise. A. Hüthig-Verlag, Heidelberg 1972.

[S 5] Siemens AG (ed.): Katalog Integrierte Halbleiterschaltungen, Berlin und München 1973.

[S 6] SARKOWSKI, H. (ed.): Dimensionierung von Halbleiterschaltungen. Lexika-Verlag Grafenau-Döffingen 1973.

[T 1] TIETZE, H., und CH. SCHENK: Halbleiterschaltungstechnik. Springer-Verlag, Berlin—Heidelberg—New York 1971.

[T 2] Telefunken-AEG (ed.): Digitale Integrierte Schaltungen. Elitera-Verlag 1972.

[T 3] TRZEBA, E.: Grundlagen der Schaltungstechnik. S. Hirzel-Verlag, Leipzig 1974.
[T 4] Telefunken-AEG (ed.): Taschenbuch Bauteile. AEG Telefunken, Ulm 1971.
[U 1] UNGER, H.-G., und W. HARTH: Hochfrequenz-Halbleiterelektronik. S. Hirzel-Verlag, Stuttgart 1972.
[V 1] Valvo GmbH (ed.): Transistor-Kompendium (2 Bde.). Valvo GmbH, Hamburg 1965.
[W 1] WOLFGARTEN, W.: Binäre Schaltkreise. A. Hüthig-Verlag, Heidelberg 1972.
[W 2] WOLF, G.: Digitale Elektronik. Franzis-Verlag, München 1971.

Die Verfasser

- **behandeln die wichtigsten Ergebnisse der Vierpoltheorie sowie die Eigenschaften von Flächen- und Feldeffekttransistoren**

- **befassen sich ausführlich mit Transistorschaltungen zur Verstärkung von Gleich- und Wechselspannungen, zur Erzeugung von Sinusschwingungen und von Rechteckimpulsen**

- **geben einen Überblick über integrierte Schaltkreise und typische Daten technischer elektronischer Baugruppen**

- **erläutern an einigen Beispielen die Zusammenschaltung elektronischer Baugruppen zu Funktionseinheiten der physikalischen Experimentiertechnik**

WISSENSCHAFTLICHE TASCHENBÜCHER

www.ingramcontent.com/pod-product-compliance
Lightning Source LLC
La Vergne TN
LVHW092105300926
849161LV00002B/50
9783112621691